電気・電子系 教科書シリーズ 6

制 御 工 学

工学博士 下西 二郎 共著
博士(工学) 奥平 鎮正

コロナ社

電気・電子系 教科書シリーズ編集委員会

編集委員長 高橋　寛（日本大学名誉教授・工学博士）
幹　　事 湯田　幸八（東京工業高等専門学校名誉教授）
編集委員 江間　敏（沼津工業高等専門学校）
（五十音順）　竹下　鉄夫（豊田工業高等専門学校・工学博士）
　　　　　　多田　泰芳（群馬工業高等専門学校名誉教授・博士（工学））
　　　　　　中澤　達夫（長野工業高等専門学校・工学博士）
　　　　　　西山　明彦（東京都立工業高等専門学校名誉教授・工学博士）

（2006年11月現在）

刊行のことば

　電気・電子・情報などの分野における技術の進歩の速さは，ここで改めて取り上げるまでもありません。極端な言い方をすれば，昨日まで研究・開発の途上にあったものが，今日は製品として市場に登場して広く使われるようになり，明日はそれが陳腐なものとして忘れ去られるというような状態です。このように目まぐるしく変化している社会に対して，そこで十分に活躍できるような卒業生を送り出さなければならない私たち教員にとって，在学中にどのようなことをどの程度まで理解させ，身に付けさせておくかは重要な問題です。

　現在，各大学・高専・短大などでは，それぞれに工夫された独自のカリキュラムがあり，これに従って教育が行われています。このとき，一般には教科書が使われていますが，それぞれの科目を担当する教員が独自に教科書を選んだ場合には，科目相互間の連絡が必ずしも十分ではないために，貴重な時間に一部重複した内容が講義されたり，逆に必要な事項が漏れてしまったりすることも考えられます。このようなことを防いで効率的な教育を行うための一助として，広い視野に立って妥当と思われる教育内容を組織的に分割・配列して作られた教科書のシリーズを世に問うことは，出版社としての大切な仕事の一つであると思います。

　この「電気・電子系 教科書シリーズ」も，以上のような考え方のもとに企画・編集されましたが，当然のことながら広大な電気・電子系の全分野を網羅するには至っていません。特に，全体として強電系統のものが少なくなっていますが，これはどこの大学・高専等でもそうであるように，カリキュラムの中で関連科目の占める割合が極端に少なくなっていることと，科目担当者すなわち執筆者が得にくくなっていることを反映しているものであり，これらの点については刊行後に諸先生方のご意見，ご提案をいただき，必要と思われる項目

については，追加を検討するつもりでいます．

　このシリーズの執筆者は，高専の先生方を中心としています．しかし，非常に初歩的なところから入って高度な技術を理解できるまでに教育することについて，長い経験を積まれた著者による，示唆に富む記述は，多様な学生を受け入れている現在の大学教育の現場にとっても有用な指針となり得るものと確信して，「電気・電子系 教科書シリーズ」として刊行することにいたしました．

　これからの新しい時代の教科書として，高専はもとより，大学・短大においても，広くご活用いただけることを願っています．

1999年4月

編集委員長　髙　橋　　　寛

まえがき

　われわれが日常の生活で，何気なく使っている機械や装置には，本書で勉強しようとしているフィードバック制御の考え方が使われているものが多くある。例えば，電気こたつやエアコンディショナの温度調整機能に，また，ラジオやテレビのなかの電子回路にもフィードバック制御が使われている。これらのなかには制御工学を意識せずに開発されたものも多いが，そのコントロール機能は，いわゆる制御理論にうまく乗っているものが多いことには，じつに驚かされる。これは工学に限られているわけではない。人間をはじめとする動物の運動機能や生態維持機能などもフィードバック制御理論を用いて説明できる場合も多いし，ある種の経済活動モデルも制御系でモデル化できることも知られている。

　このように，制御工学はいまや特別な科目ではなく，数学や物理学と同じように，工学のみならずあらゆる分野における基礎科目として広く認められつつあるといえる。

　本書は，大学の学部学生あるいは工業高等専門学校の高学年の学生が初めて制御工学を学ぶことを想定して書かれた教科書であり，以下の点が考慮されている。

（1）　教科書としての制御工学の内容はとかく数学的記述に偏りがちであるが，工業高等専門学校の4年次までに修得した数学的知識で理解できる内容とした。

（2）　章末には演習問題とは別に例題をまとめて載せ，章の内容を理解するうえで助けとなるよう工夫するとともに，章末の演習問題にスムーズに移行できるよう考慮した。

（3）　例題の解答には，制御系設計ソフトとして世界的に普及している

MATLAB の利用も加え，そのグラフィックス機能を用いて視覚的にも理解しやすいよう工夫した。また，MATLAB が使用できる環境にある学生のために，例題の解答を得るために利用した MATLAB のプログラム例を記載した。

なお，執筆の分担は 2～5 章までを奥平が，1 章および 6～8 章までを下西が担当した。

終わりに，本書の執筆を勧めてくださった東京都立工業高等専門学校の西山明彦先生に深く感謝するとともに，本書の作成にあたり何かとお世話になったコロナ社にも御礼申し上げる。

2001 年 3 月

著　　者

初版第 8 刷発行に際して

MATLAB が，その上で動作するブロック線図作成・計算ツール Simulink とともに制御の分野で広く用いられるようになったことを勘案して Simulink の使い方についても紹介することにした。

Simulink によりブロック線図をグラフィカルに作成することで，簡単に過渡応答の計算を行うことができる。特に手計算では解を得ることが難しい高次系や，むだ時間系において有用である。

MATLAB/Simulink を使用できる環境にある読者は，参考にしていただきたい。

2012 年 3 月

著　　者

目　　　次

1.　　制御とは何か

1.1　　自動制御の歴史 ……………………………………………………… *1*
1.2　　自動制御の種類 ……………………………………………………… *4*
　1.2.1　シーケンス制御 ………………………………………………… *4*
　1.2.2　フィードバック制御 …………………………………………… *5*
1.3　　フィードバック制御の構造 ……………………………………… *7*
1.4　　制御工学で何を学ぶか …………………………………………… *9*
1.5　　例　　　題 ………………………………………………………… *10*
演 習 問 題 ………………………………………………………………… *13*

2.　　可視化，プログラミングソフトウェア MATLAB

2.1　　動 作 環 境 ………………………………………………………… *14*
2.2　　取扱い入門と基本動作例 ………………………………………… *15*
　2.2.1　起　　　動 …………………………………………………… *15*
　2.2.2　基 本 動 作 例 ………………………………………………… *15*
　2.2.3　終　　　了 …………………………………………………… *20*

3.　　制御系のモデル

3.1　　微分方程式による制御系の表現 ………………………………… *22*
　3.1.1　入出力関係の表現と系の等価性 …………………………… *22*
　3.1.2　状態空間モデルによる系の表現 …………………………… *24*
3.2　　ラプラス変換 ……………………………………………………… *26*

3.3 ラプラス変換定理と代表的なラプラス変換対 ………………………… 28
　3.3.1 ラプラス変換定理（Ⅰ） ……………………………………… 28
　3.3.2 ラプラス変換対（Ⅰ） ………………………………………… 28
　3.3.3 ラプラス変換対（Ⅱ） ………………………………………… 30
　3.3.4 部分分数分解を用いたラプラス逆変換の求め方 …………… 31
　3.3.5 ラプラス変換定理（Ⅱ） ……………………………………… 33
3.4 伝達関数による制御系の表現 ……………………………………… 36
　3.4.1 伝　達　関　数 ………………………………………………… 36
　3.4.2 ブロック線図 …………………………………………………… 38
　3.4.3 ブロック線図の等価変換 ……………………………………… 38
3.5 例　　　　　題 ……………………………………………………… 40
演　習　問　題 ……………………………………………………………… 46

4. 制御系の過渡応答特性

4.1 過　渡　応　答 ……………………………………………………… 49
　4.1.1 インパルス応答 ………………………………………………… 49
　4.1.2 ステップ応答（インディシャル応答）……………………… 50
4.2 比例要素，微分要素，積分要素の伝達関数と過渡応答 ………… 51
4.3 1次要素の伝達関数と過渡応答 …………………………………… 53
4.4 2次要素の伝達関数と過渡応答 …………………………………… 56
　4.4.1 2次要素の伝達関数 …………………………………………… 56
　4.4.2 2次要素のステップ応答 ……………………………………… 57
　4.4.3 不足制動における特性 ………………………………………… 60
4.5 むだ時間要素の伝達関数と過渡応答 ……………………………… 62
4.6 ステップ応答と制御系のモデル …………………………………… 63
4.7 例　　　　　題 ……………………………………………………… 64
演　習　問　題 ……………………………………………………………… 77

5. 周波数応答

- 5.1 周波数伝達関数 …………………………………… 79
- 5.2 周波数伝達関数の表現法と周波数応答 ………… 82
- 5.3 比例要素，微分要素，積分要素の周波数伝達関数と周波数応答 … 84
- 5.4 1次要素の周波数伝達関数と周波数応答 ……… 87
- 5.5 2次要素の周波数伝達関数と周波数応答 ……… 90
- 5.6 むだ時間要素の周波数伝達関数と周波数応答 … 91
- 5.7 例　題 …………………………………………… 94
- 演習問題 ……………………………………………… 106

6. 自動制御系の安定性

- 6.1 安定性の定義 …………………………………… 107
- 6.2 不安定である系 ………………………………… 109
- 6.3 安定判別法 ……………………………………… 114
  - 6.3.1 閉ループ系の特性根から判定する方法 … 114
  - 6.3.2 開ループ伝達関数の周波数特性から判定する方法 … 117
- 6.4 安定度 …………………………………………… 118
- 6.5 例　題 …………………………………………… 121
- 演習問題 ……………………………………………… 126

7. フィードバック制御系の特性評価

- 7.1 過渡特性 ………………………………………… 128
- 7.2 定常特性 ………………………………………… 132
- 7.3 過渡特性と周波数特性の関係 ………………… 135
- 7.4 閉ループ周波数特性と開ループ周波数特性の関係 … 139
- 7.5 例　題 …………………………………………… 145
- 演習問題 ……………………………………………… 149

8. フィードバック系の設計

8.1 制御系の設計仕様 …………………………………… *152*
8.2 フィードバック制御系の設計 ………………………… *154*
8.3 周波数応答法 …………………………………………… *155*
8.4 根 軌 跡 法 …………………………………………… *172*
8.5 例題 —— 根軌跡法を用いた設計例 ………………… *179*
演 習 問 題 ……………………………………………………… *182*

引用・参考文献 ……………………………………………… *184*

演習問題解答 ………………………………………………… *185*

索　　　引 …………………………………………………… *208*

1

制御とは何か

　われわれの周りで，自動制御あるいは制御という言葉を耳にしたことのない者はいないだろう。そのくらい一般的になっている制御について，工学的な見地から学ぶことにする。すなわち，本章では制御とはどんなことなのか，どのような制御の対象があるのか，制御技術とはどんな技術で，どのように発達してきたのか。また，この技術がどのようなところに使われ，役立っているのかについて説明する。さらに，本書ではこのようなことをどのような順序で学ぶのかを概観する。

1.1 自動制御の歴史

　種々の文献によると，人間は昔からひとりでに動く装置をつくろうという望みを強く抱いていたと思われる。例えば，紀元前1，2世紀ごろ，すでに木製のフロートと歯車を用いて，油が減るにつれて芯が少しずつ出てくるような自動調節ランプを工夫していた。

　このようなフロートを使った流体に関係するいろいろな制御装置は，アラビア文化や，中国文化にもいくつかの記録が残っている。図 *1.1* はその一つで，盃に一定量の酒をつぐ仕掛けである。

　底がパイプでつながっている二つの容器の一方にフロートを浮かべ，てこを通じて酒の注入口を開閉する仕組みである。すなわち，酒が注がれフロートが上昇し，一定の量が注がれると，フロートとつながっているてこによって，注入パイプのふたが閉じるようになっている。

　さらに，1970年代に開発されたワット（Watt）の蒸気機関に付随して開発

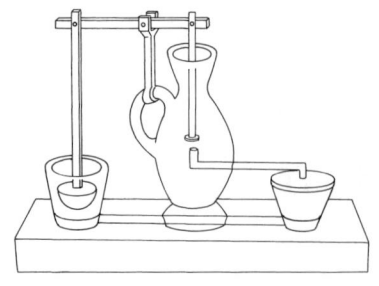 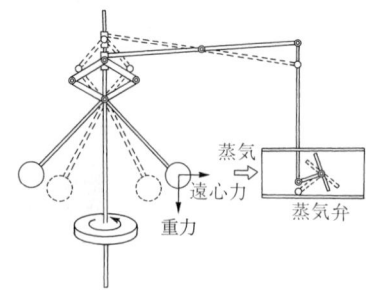

図 1.1　ヘロンの酒つぎ器[1]　　図 1.2　蒸気機関の自動調速機の原理図[2]

された調速機と呼ばれる自動速度調節器の開発とその理論的考察は，制御工学の基礎となっている。図 1.2 はワットが発明した調速機の原理図であるが，蒸気機関の回転速度が上がっておもりが遠心力によって開くと，てこを介して蒸気弁のバルブが閉じる仕組みになっている。

このガバナと呼ばれる調速機は，実用化された自動制御装置の最初であると考えられている。紡績の動力源として使われた蒸気機関を一定速度で回転させることは綿糸の品質を高めるうえで，どうしても解決しなくてはならない問題であったのである[1]。

ワット以後，多くの科学者あるいは技術者によって，自動制御の理論的な考察，制御技術が進展して今日に至っているが，その歴史をまとめたものが**表 1.1** である。

このワットの調速機付きの蒸気機関が開発されたのが1790年代で，1800年代の後半になると調速機に関しての安定化問題が持ち上がり，各種安定理論が報告されている。1930年代ごろからフィードバック制御理論の発展，ならびにその実用化が著しく進展し，1950年代初頭にはその理論体系はほとんど完成されたといってよい。この制御理論は，制御系の入力と出力に注目してつくられた伝達関数で表されたモデルを対象にした理論であり，古典制御理論と呼ばれている。

一方，コンピュータの発展と相まって，制御系を微分方程式で表現したモデ

表 1.1 自動制御の歴史 [3)]

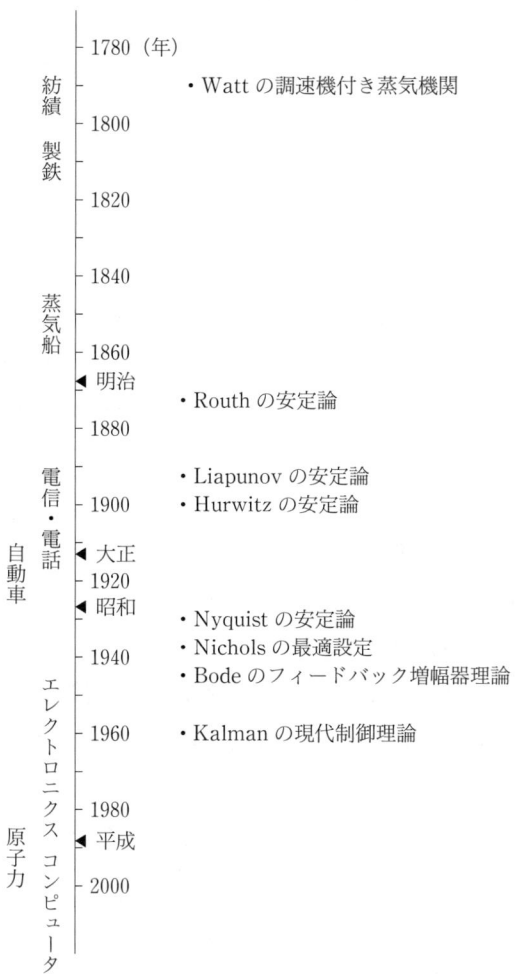

ル，すなわち状態空間モデルを対象とした制御理論が，1960年代以後急速に発展した。この理論は古典制御理論に対して現代制御理論と呼ばれる。

1.2 自動制御の種類

エアコンを用いて部屋の温度やこたつの温度を適温に保ったり，あるいは水タンクの水位を一定に保ったりするように，われわれの周囲には温度，位置，電圧などのような物理量を目的の値に保たなければならないことは多い。一方，缶入りジュースやタバコの自動販売機，あるいは自動洗濯機のように始動の命令によっていくつかの動作が自動的につぎつぎと誤りなく行われなければならないような装置，機械も数多く見受けられる。前者のような作業の自動化には，主としてフィードバック制御と呼ばれる制御方式が使われ，後者にはシーケンス制御と呼ばれる制御方式が用いられることが多い。これらの制御方式について少し説明をしておこう。

1.2.1 シーケンス制御

シーケンス制御とは「あらかじめ定められた順序に従って制御の各段階を進めていく制御」という定義になっている。このシーケンス制御のよい例は全自動式電気洗濯機である。すなわち，電気洗濯機に，洗濯物の布地種類，汚れ具合などを設定すれば，始動の命令を与える（始動用スイッチを操作する）だけで，図 1.3 のような異なる制御動作が設定されたコントローラプログラムに従って自動的に進められる。しかも，これらの制御動作は，定められた時間だけ "ON" であったり，"OFF" であったりするだけで，二つの状態しか存在しない。したがって，シーケンス制御に必要なことは，制御の段階を切り替えるための条件が完全に満たされたかどうかを正確に判断して，素早くつぎの段階に進むことである。

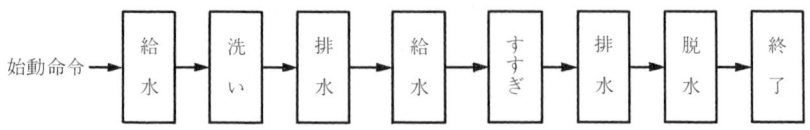

図 1.3　全自動式電気洗濯機のプログラム

1.2 自動制御の種類

シーケンス制御系のもう一つの例として，運転中のエレベータをあげることができる。われわれがエレベータに乗りたいときには，目的の階が，いまいる階よりも上か下かを判断し，エレベータの昇降口にある上昇，下降いずれかの呼出し命令用のボタンを押すと，エレベータは自動的にその階に止まり，かごのドアが開く。なかに入って目的の階のボタンを押すとドアは閉じて目的の階に進み，目的の階の床と同一レベルになるとかごは止まり，ドアが自動的に開く。この一連の動きは「かごの呼出し」と「指示された階までのかごの移動」という二つのあらかじめ定められた順序に従って，制御の各段階を進めていくような制御であり，シーケンス制御である。

ここで，呼出し命令や行き先命令のように外部から与えられる命令を**作業命令**，上昇，下降，停止のようなこれから決定される命令を**制御命令**という。また，作業命令から制御命令をつくり出すことを**命令処理**というが，この処理にはシーケンサやプログラマブルコントローラなどが多く用いられる。

また，命令処理機能の範囲によって，シーケンス制御はつぎのように大別される。

〔1〕 **プログラム制御**　あらかじめ定められた順序に従って命令処理を行う制御のことである。これには，電気洗濯機や交通信号機のように，命令が一方的になされる場合が多い。

〔2〕 **条件制御**　一定の論理によって定められる順序に従って命令処理を行う制御のことである。これは，エレベータの昇降制御，あるいは最近の自動発券装置あるいは銀行のATM（現金自動預け入れ・支払い機）などのように，いくつかある制御命令が作業命令などの内容によって遂行される。

1.2.2 フィードバック制御

出力信号を入力信号側に戻すことによって制御量と目標値を比較し，それに応じて自動的に制御量と目標値が一致するように動作を行わせる制御をフィードバック制御という。

例として図 **1.4** に示すようなフィードバック制御系を説明するために，よ

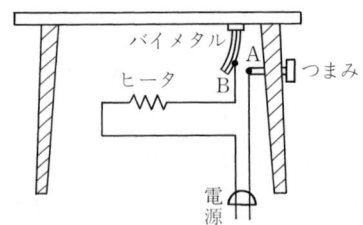

図 1.4　電気こたつ

く使われるこたつ内の古典的な温度制御の動作を考えよう。これはこたつ内の温度を一定に保つために，こたつ内の温度をバイメタルの曲がりとして検出し，これにより接点スイッチが開閉する仕組みである。

　温度が低いとスイッチは"ON"となって電熱器に電流が流れ，温度は上昇する。温度が希望の温度を超えるとスイッチは"OFF"となり，電熱器の電流は切れる。その結果，温度は徐々に下がり，これに伴いバイメタルの曲がりも小さくなり希望値以下になったところで再びスイッチは"ON"となる。この一連動作の繰返しによって，こたつ内の温度が一定に保たれるようになっている。

　図 1.5 はこの電気こたつの信号経路を示したもので，フィードバックによる閉ループの存在がよくわかる。

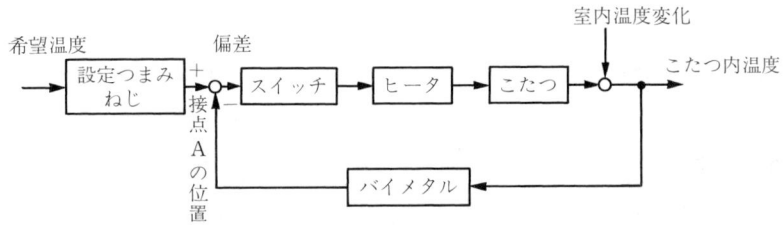

図 1.5　電気こたつの信号経路

　フィードバック制御は，このように，つねに制御量（制御の対象となる物理量）と目標値を比較し，これらが一致しなければ訂正を行う制御のことで，定量的な制御には欠かすことができない技術である。

　フィードバック制御は，用途から分類すると，制御量によってつぎのように

大別される。

〔**1**〕 **プロセス制御**　　化学製品や，薬品の製造において，原料を物理的あるいは化学的に処理する過程で圧力・温度・流量などを制御量とし，これを製造工程で決められた値に一致するように調整するもの。

〔**2**〕 **サーボ機構**　　レーダ追従装置あるいは船舶や飛行機などの自動操縦のように，物体の位置・方位・姿勢などを制御量として，目標値の任意の変化に追従させるような制御機構のことである。

また，目標値が時間的変化する方式によって分類するとつぎの三つになる。

1）　**定値制御**　　定電圧装置あるいは空調装置のように目標値を意識的に変えないかぎり目標値が一定であるような制御方式。

2）　**追従制御**　　レーダの追従装置あるいは，ならい旋盤などのように目標値が時間とともに変化するような制御方式。

3）　**プログラム制御**　　電子レンジや電気オーブンのなかには，調理内容によって調理温度や調理時間をあらかじめプログラムしておき，それに従って炉内温度を制御するようなものがある。このように，目標値があらかじめ定められた法則に沿って変化するような制御方式。

本書では上記のように分類でき，かつ，広範囲に用いられているフィードバック制御について詳しく勉強する。

1.3　フィードバック制御の構造

図 **1.5** の電気こたつの信号経路は，図 **1.6** に示すフィードバック制御系

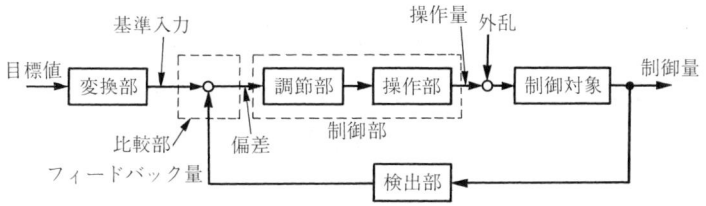

図 **1.6**　フィードバック制御系の構造

の基本的な構成となっている．同図のようにフィードバック制御系の信号の流れ方の特徴は出力を入力側に戻していることである．つまり，出力（制御量）を検出しそれを入力側（目標値側）に返し，よりよい入力信号をつくり出す構造になっている．もちろん，入力を出力に戻しさえすれば，つねによい制御が得られるかといえばけっしてそうではない．すなわち，出力から取り出した信号をどのような信号に変え，どのようにして出力に返すかという部分が制御器の部分である．

フィードバック制御系の各部には，図 1.6 に示すような名前が付けられている．

図 1.5 の電気こたつの信号経路と対応させて説明すれば以下となる．

① **制御対象**：制御されるべき対象である．図では制御対象はこたつである．

② **操作部**：制御対象に働きかけて具体的に制御量を変化させる信号をつくる部分であり，この部分では通常かなりのエネルギーを要する．図ではヒータがこれにあたる．

③ **調節部**：操作部への信号をつくる部分で，図の例でいうとヒータへの電流の"ON"，"OFF"を判断する部分で，判断結果はヒータの熱量増加，減少の命令信号となる．図ではバイメタルがこれに相当する．

④ **変換部**：検出された制御量と目標値を比較するために，目標値を適当な物理量に変換する装置あるいは素子であり，図では希望温度を変位に変換するねじの部分を含む設定つまみねじがこれに相当する．

⑤ **検出部**：一般にセンサとも呼ばれ，制御量を検出して適当な物理量に変換する部分である．図のこたつの例では温度をバイメタルが変位として検出しており，バイメタルがこれに相当している．

⑥ **制御量**：フィードバック制御系からの出力信号である．この信号を目標値に一致させることがこの制御系の目的になる．こたつ内温度がこれに相当する．

⑦ **目標値**：フィードバック制御系への入力であり，出力（制御量）の目標

となる値である。一定に保つ場合と，時間とともに変化させる場合とがある。こたつ内の希望温度がこれに相当する。
⑧　**操作量**：操作部からの出力信号で，制御対象に働きかけて制御量を制御する。図では熱量である。
⑨　**基準入力**：目標値が制御量と比較できるようにするために，これらが同一物理量となるように変更された信号で，変換部からの出力となる。こたつの例では設定つまみねじによってつくり出された変位である。
⑩　**偏　差**：目標値と制御量の差であり，この偏差がなくなるように制御が行われることになる。こたつの例では接点 A，B の位置のずれがこれにあたる。
⑪　**外　乱**：制御対象に加えられる予測できない信号であり，こたつの例では室内温度変化などがこれにあたる。
⑫　**制御部**：偏差を 0 とするよう制御信号をつくり，全体の制御システムが望ましい動作をするようにする。制御系の設計の主たるものはこの制御器の設計である。

信号がフィードバックループを一周する間に含まれる伝達関数を**一巡（開ループ）伝達関数**と呼ぶことがある。例えば，図 1.6 において目標値を 0 として，比較部と制御部を結ぶ信号線を切断したとき，そのループに直列に入っている伝達関数の積が一巡（開ループ）伝達関数となる。伝達関数については 3 章 3.4 節で詳しく学ぶ。

1.4　制御工学で何を学ぶか

制御工学の最終目的は，希望する特性をもつような制御系を構成することである。これは一般に制御系の設計と呼ばれる。そのためには，対象とする系の解析が必要である。すなわち
　①　対象とする系をどのようにモデル化するのか
　②　モデル化された系がどのような性質，特性をもっているのか

を知ることが系の解析である。解析では，フィードバック制御系を構成している各要素，その系全体の数学的表現方法，そして，目標値の変化に対して制御量はどのように変化するのか，あるいは外乱に対して制御量はどのような影響があるのかなど，いわゆる系の動特性を取り扱う。また，実際の制御系では目標値または外乱によって生じた制御量の変化が，時間とともに一定値に落ち着かなくては制御の目的から外れてしまう。このようなことを理論的に考察するのが安定問題である。

以上のような解析によって，対象とする制御系の特性が知れると系の設計（特性改善）に移ることになる。すなわち，制御系がよりよい特性をもつように系に含まれるパラメータを調整したり，適当な制御装置を挿入したりすることを考える。

本書では伝達関数で表現されるモデルを対象にして，上記解析法あるいは設計法（改善法）を述べる。

1.5 例　　題

例題 1.1　図 1.7 は，ポテンショメータ A の回転角をそのままポテンシ

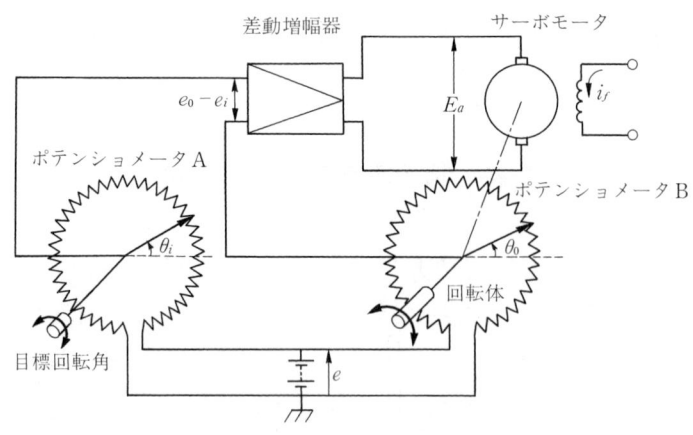

図 1.7　サーボ機構の一例

ョメータBに直結された回転体に伝える代表的なサーボ機構の一つである。その動作原理を説明し，図 1.6 にならって制御系の構成図を描け。

【解答】 ポテンショメータAのつまみを θ_i だけ回転させ，これを目標値とする。このとき，回転角 θ_i は入力側のポテンショメータAにより e の分圧値 e_i に変換される。一方，回転体の回転角度は直結されたポテンショメータBにより e の分圧値 e_0 に変換されて，e_i とともに差動増幅器に加えられる。増幅器では e_i と e_0 の差が増幅され，その出力電圧がサーボモータに加えられてポテンショメータBの回転となる。この動作は e_i と e_0 が等しくなるまで続き，両者が等しくなったところでサーボモータの回転は止まり，回転体，すなわちポテンショメータBの回転角度が決定される。ここで，ポテンショメータAとBがまったく同一の特性をもつものとすれば，両者の回転角と分圧値の関係は一致しているから，ポテンショメータAの回転角度 θ_i と回転体の回転角度 θ_0 は一致する。

図 1.8 は，このサーボ機構の構成を図 1.6 にならって示したもので，各要素，信号に一般的名称も（ ）を付けて示してある。　　　　　　　　　　　◇

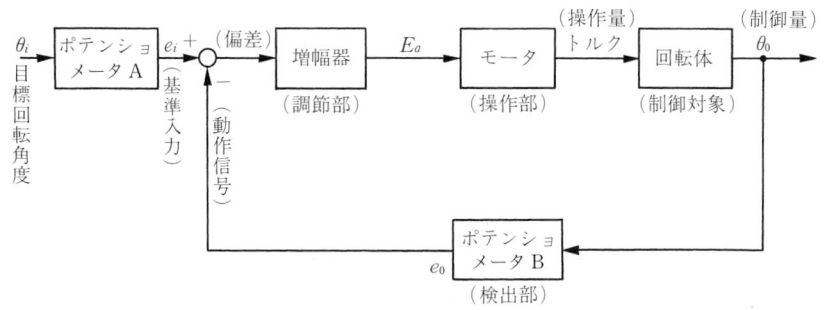

図 1.8　図 1.7 の制御系の構成図

例題 1.2　図 1.9 は，タンク内の水位を一定に保とうとする，古典的な定値制御系の一種である。その動作原理を説明し，図 1.6 にならって制御系の構成図を描け。

【解答】 希望水位はフロートの位置として設定され，タンク内の水位はタンク内の水の流入出によって変化する。この変化はフロートの変位となって検出され，てこを通じてタンクに流れ込む水道管バルブに伝えられる。例えば，バルブAが開かれて水が流出すると，フロートはaからa′に下がり，その変位は，てこを通じてバ

12   1. 制御とは何か

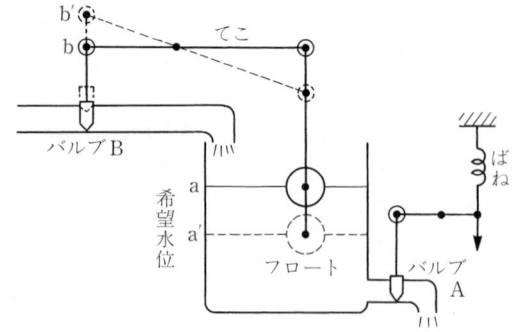

図 1.9　タンクの水位制御系

ルブ B の変位 b-b′ となる。バルブ B が開き水がタンクに流入するとタンク内の水位は上昇し，フロートは再び上昇する。水の流入はフロートが目標水位 a に至るまで続き，目標水位 a になるとバルブ B は閉じられ水の流入は止まる。

図 1.10 は，このタンクの水位制御系の構成を図 1.6 にならって示したもので，各要素，信号に一般的名称も（　）を付けて示した。　　　　　　　　　◇

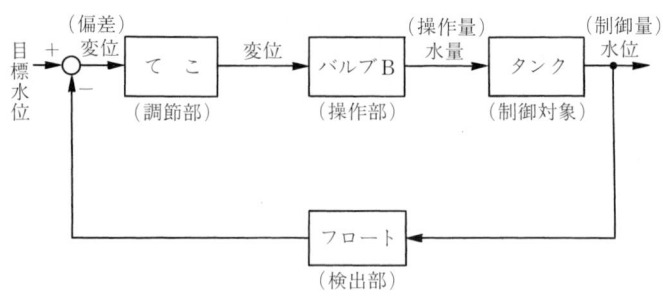

図 1.10　タンクの水制御系の構成図

例題 1.3　人間の行動や生体の機能にみられるフィードバック制御の例をあげよ。

【解答】　人間の行動のうち意識的に行われるものは基本的にはフィードバック制御となっている。すなわち，行動の結果は視覚，聴覚，触覚などの感覚器官によって検出され，その結果は神経を経て頭脳に至る。そこで適当な判断がなされて行動になんらかの修正が加えられるという具合である。このことは目で見ながら物をつかんだり，定められた線上を歩くという動作を考えればよくわかる。また，生体の

機能のうち，体温，血圧，血液の濃度などはフィードバック制御されていると説明されている。　　　　　　　　　　　　　　　　　　　　　　　　　◇

演習問題

【1】 自動制御装置が組み込まれている身近な例を，フィードバック制御系とシーケンス制御系に分けて示せ。

【2】 フィードバック制御系を，（1）目標値の種類，（2）制御量の種類によってそれぞれ分類せよ。また，例題 *1.1* および例題 *1.2* で議論した制御系を上記（1），（2）で分類せよ。

【3】 問図 *1.1* は温度 θ_1 の液体が流入し，タンク内で液温が θ_2 となって流出する装置である。ここで，流出する液温を一定にするために，適当な制御装置によってヒータの電流を調整することを考える。

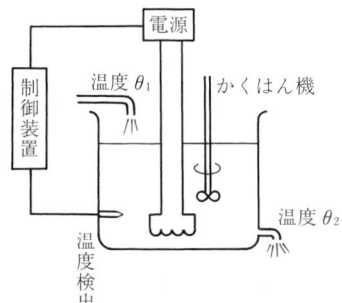

問図 *1.1* タンク内の液温制御装置

（1） 制御量および操作量は何か。
（2） 全体の信号伝達経路図を描け。
（3） この系ではどのような外乱が考えられるか。

【4】 暗くなると点灯し，明るくなると消灯する街灯の簡単な制御系を考えて信号伝達経路図を描け。

【5】 乗っている人数にかかわらずエスカレータの速度を一定にしたい。入力，出力，外乱の関係を表すブロック線図を示せ。また，どのようにしたらこれが可能になるか考えよ。

2

可視化，プログラミング ソフトウェア MATLAB

　MATLAB（マトラブ）とは，行列計算，視覚化，プログラミングなどを簡単に行える科学技術計算ソフトウェアで，その名称は MATrix LABoratory に由来する。微分方程式なども簡単なコマンドで解くことができ，解のグラフ化も容易である。プログラミングには BASIC 言語に類似した対話形の MATLAB 言語が用いられ，**M-ファイル**と呼ばれるファイルに書いたり読んだりすることができる。また，特定の問題の解法のために**ツールボックス**（Toolbox）と呼ばれるプログラムパッケージが M-ファイルに用意されており，ライブラリとして利用することができる。

　MATLAB は，特に行列を用いた解法に有用で，制御系の設計・解析に力を発揮する。供給元はアメリカの Math Works 社で，現在，日本における販売代理店は S 社[1]である。

　本書では，制御系の過渡応答，周波数応答の解析に"MATLAB（本体）"を用いた解法も紹介する。さらに，過渡応答の解析には，モデル作成ウィンドウ上に描いたブロック線図から直接解析結果を得ることのできる"Simulink"も併用することにする。"MATLAB（本体）"と"Simulink"の使い方・解法については，必要に応じて例題の解答に追加して記載した。それらを使用できる環境にある読者には参考にしていただきたい。その最初の使用例と使用方法は 68〜70 ページに示されている。

2.1 動 作 環 境

　MATLAB には Windows パソコン版（PC 版）およびワークステーション版（UNIX 版）がある。なお，PC 版において，MATLAB 5.2 までは

Macintosh 対応もあるが，MATLAB 5.3 からは Windows 対応のみである。動作環境については S 社[1]に問い合わせていただきたい。

2.2 取扱い入門と基本動作例

ここでは Windows 版の MATLAB を例にとり，起動から基本コマンドによる基本動作例，終了までの過程を紹介する。MATLAB を使用できる環境にある場合には実際に動かしてみてほしい。

2.2.1 起　　　動

Windows が立ち上がったら，[スタート]→[プログラム (P)]→[Matlab ディレクトリ]→[MATLAB] の順にクリックするか，あるいは MATLAB アイコンをダブルクリックすれば MATLAB が起動し，MATLAB Command Window（コマンド入力の画面）が現れる。MATLAB で計算，作図などの命令を実行させるためにはつぎの 3 通りの方法がある。すなわち

(1) この Command Window 上で直接コマンドを入力する。

(2) File メニューから新たに M-File をエディット (edit) して M-File Editor を起動する。あるいは，Command Window 上で `edit' と入力してもよい。その Editor 上でコマンドをプログラムし，そのプログラムを Command Window のプロンプト `≫' の後にペーストしてから実行する。

(3) M-File に書いたプログラムをセーブし，Command Window で M-File の発録名を打ち込むことにより，プログラムを実行する。

また，途中で操作方法がわからなくなった場合には，HELP メニューからオンラインヘルプやデモ画面を呼び出せばよい。

2.2.2 基　本　動　作　例

MATLAB において基本的なデータ要素は配列（行列）であり，行列計算スカラ量は 1 行 1 列の配列と考えられる。ここでは，MATLAB の特微であ

る行列計算と解のグラフ化（視覚化）を例にとって基本動作を説明する。

〔**1**〕 **行列を用いた連立代数方程式の解法**　例として，式 (2.1) のような連立方程式を考えよう。

$$\begin{cases} 2x + 3y = 8 \\ 4x + 5y = 14 \end{cases} \tag{2.1}$$

行列を用いて表示すると式 (2.2) となる。

$$\boldsymbol{AX} = \boldsymbol{B} \tag{2.2}$$

ただし

$$\boldsymbol{X} = \begin{bmatrix} x \\ y \end{bmatrix}, \quad \boldsymbol{A} = \begin{bmatrix} 2 & 3 \\ 4 & 5 \end{bmatrix}, \quad \boldsymbol{B} = \begin{bmatrix} 8 \\ 14 \end{bmatrix} \tag{2.3}$$

である。式 (2.2) から $\boldsymbol{X}$ を求めるためには

$$\boldsymbol{X} = \boldsymbol{A}^{-1}\boldsymbol{B} \tag{2.4}$$

という計算を行えばよい。これを MATLAB で実行するとつぎのようになる。

Command Window で，'≫' というプロンプトの後に

≫ A=[2 3 ; 4 5]

とキーインすると

A =

    2　3

    4　5

という表示が出て，変数 A に行列の値が入力されたことがわかる。また

≫ A=[2 3 ; 4 5];

のようにセミコロン'；'を付けると結果は表示されない。大きな行列を定義したときなど，画面に表示させたくない場合にはこのほうがよい。

同様に

≫ B=[8 ; 14]

により変数 B に数値を入力する。

≫ X=inv(A)＊B

とキーインすれば

2.2 取扱い入門と基本動作例

  X =
   1
   2

と表示され，**X** が得られる．すなわち，$x = 1$, $y = 2$ が解である．ここに，inv(A) は **A** の逆行列を意味する．

 一方，この例題の解を得るためには必要性はないが，M-ファイルの使い方の例示のために，プログラムを用いた解法も紹介しよう．まず，Command Window で [File]→[New]→[M-file] とクリックすると M-File Editor が立ち上がる．そこで

  A＝input('A＝')
  B＝input('B＝')
  X＝inv(A)＊B

とキーインした後，[File]→[Save] をクリックし，登録名を決めてセーブする．ここで，input(' ') は，' 'のなかの文字をプロンプトとしてデータの入力を待つ実行文である．かりに登録名を testmat.m とする（.m は MATLAB の M-ファイルを表す拡張子である）．カーソルを Command Window に戻し，'≫' の後に登録名 "testmat" を入力するとプログラムが実行されて

  A＝

が表示され，行列 A の値の入力待ちとなる．このプロンプトの後に

  [2 3 ; 4 5]

と入力すると

  A＝
   2 3
   4 5
  B＝

が表示され，A の値が表示されるとともに，行列 B の値の入力待ちとなる．

  [8 ; 14]

と入力すると

B =

    8

    14

X =

    1

    2

と表示され，解が求められる。

　また，M-File に書いたコマンド（プログラム）をクリップボード（ワークメモリ）にコピー（'Ctrl キー＋C'）し，それを Command Window のプロンプト '≫' の後にペースト（'Ctrl キー＋V'）してから Return キー（Enter キー）を押しても同様の結果が得られる。

〔**2**〕 **常微分方程式の解法**　　常微分方程式（線形でなくてもよい）の初期値問題を解くためにはソルバが用意されている。例として式 (2.5) のような方程式を $0 \leq t \leq 20$ の範囲で解いてみよう。

$$\frac{d^2y}{dt^2} + \frac{dy}{dt} + y = 1 \tag{2.5}$$

ただし，初期条件 $y(0) = 0$, $\dfrac{dy}{dt}(0) = 0$

式 (2.5) を変形すると

$$\frac{d^2y}{dt^2} = 1 - \frac{dy}{dt} - y \tag{2.6}$$

となる。ここで

$$y_1 = y, \quad y_2 = \frac{dy}{dt} = \frac{dy_1}{dt} \tag{2.7}$$

とおくと，式 (2.6) は y_1 と y_2 を用いて式 (2.8) のように表せる。

$$\frac{dy_2}{dt} = 1 - y_2 - y_1 \tag{2.8}$$

行列を用いて，式 (2.7) と式 (2.8) を表すと

$$\frac{d}{dt}\begin{bmatrix} y_1 \\ y_2 \end{bmatrix} = \begin{bmatrix} y_2 \\ 1 - y_2 - y_1 \end{bmatrix} \qquad (2.9)$$

となる．このように，n 階微分方程式を n 元連立 1 階微分方程式に変換して表示する方法を**状態変数 表示**という．

式 (2.9) を解くためには 'ode45' という関数名のソルバを用い，解こうとする微分方程式 (2.9) は M-ファイルで定義する．このソルバの呼出しには

  [T, Y]=ode45('F', tspan, y0)

というコマンドを用いる．

ここで，F：微分方程式を定義する M-ファイルの登録名，tspan：計算を行わせる時間範囲（t の範囲），y0：初期値列ベクトル，である．この例題においては tspan は 0〜20，y0 は [0 ; 0] である．

まず，新しく M-ファイル（登録名を exfunc.m としよう）を開き

  function dy=exfunc(t, y)

  dy=[y(2) ; 1−y(2)−y(1)]

と入力し，"exfunc.m" という名でセーブする．

つぎに，MATLAB Command Window に戻り，以下のコマンドを実行する．

  ≫ [T, Y]=ode45('exfund', [0, 20], [0 ; 0]) ;

  ≫ plot(T, Y(:, 1), 'o', T, Y(:, 2), '*') ;

  ≫ xlabel('Time sec') ;

  ≫ ylabel('Solution Y and dY/dt') ;

  ≫ legend('Y', 'dY/dt') ;

この実行文において，plot 文は解のグラフを描くコマンド，xlabel 文と ylabel 文は横軸と縦軸にラベルを付すコマンド，legend 文は凡例を付すコマンドである．これらのコマンドは直接入力してもよいし，あるいは "exfunc.m" とは異なる登録名，例えば "exdef.m" を付けて別の M-ファイルに書いてもよい．この場合には，MATLAB Command Window で exdef と入力すれば解が得られる．

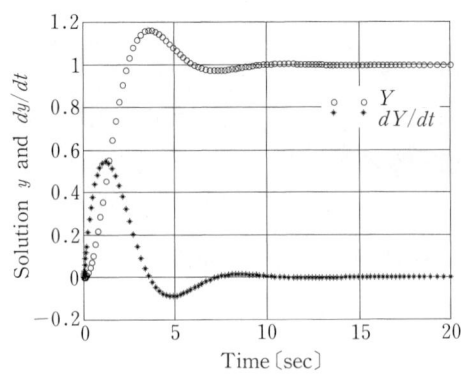

図 **2.1** MATLAB による常微分方程式の
解のグラフ例

解 y(1) すなわち $y(t)$ と，y(2) すなわち $dy(t)/dt$ のグラフは図 **2.1** のようになる。

このように，MATLAB には computation（計算），visualization（視覚化），programming（プログラミング）という三つの特徴があることがうかがえよう。

2.2.3 終　　　了

File メニューから Exit MATLAB をクリックするか，プロンプトの後に'exit' と入力すれば MATLAB は終了する。

3

制御系のモデル

　実際の制御系は多種多様で複雑だが，本書は基礎を理解するための教科書であることを考えて，本書で扱う制御系には以下の条件があるものとする。

（**1**）　**因果性**　　系に加えられる入力が 0 の場合，出力も 0 であることを**因果律**という。つまり，入力という原因があって出力という結果があることである。ただし，系に**雑音**（これを**外乱**という）が入っている場合には，信号としての入力が 0 でも出力は 0 にはならない。

（**2**）　**線形性**　　入力 $x(t)$ の大きさと出力 $y(t)$ の大きさが比例関係にあるとき，その系は**線形**であるという。電気回路系において，オームの法則が成り立つ回路は線形系である。現実の物理系において線形とみなせる系はほとんどないが，一部分に着目すれば線形とみなすことができる。例えば，鉄心コイルに流した電流 i と磁束 Φ はヒステリシス特性を呈するが，動作範囲を限定すれば i と Φ は線形となり，インダクタンスは一定として扱える。系が線形であれば重ね合せの理が成り立つ。すなわち，入力 $x_1(t)$，$x_2(t)$ を加えたときの出力が $y_1(t)$，$y_2(t)$ である線形系においては，$ax_1(t) + bx_2(t)$ という入力を加えると $ay_1(t) + by_2(t)$ という出力が得られる。

（**3**）　**時不変性**　　時刻 $t = 0$ で系に $x(t)$ という入力を加えたら $y(t)$ という出力が得られたとする。ある時間が経過した後，同じ系に同じ入力を加えると同じ出力が得られる場合，この系は時不変であるという。言い換えれば，系内のパラメータ（電気回路系においては回路定数）が一定であることを意味する。

　系の入出特性を具体的に知るためには，その系の数式モデルが必要で，論理的，合理的な制御系の設計を行うためにはそれが不可欠である。本章では，RLC 直列回路の特性を例にとり，系の数式表現，数式モデルについて述べていくことにする。

3.1 微分方程式による制御系の表現

3.1.1 入出力関係の表現と系の等価性

図 3.1 に示す RLC 直列回路において，電源電圧 $e(t)$ を印加してコンデンサ C を充電する場合を考えてみよう．電圧 $e(t)$ が系の入力，コンデンサに出入りする電荷 $q(t)$ が出力である．

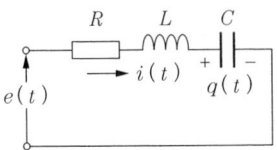

図 3.1 線形系の例
（RLC 直列回路）

周知のように，回路方程式は式 (3.1) で与えられる．

$$L\frac{di(t)}{dt} + Ri(t) + \frac{1}{C}\int i(t)dt = e(t) \tag{3.1}$$

ここで，$i(t) = dq(t)/dt$ を代入すると，式 (3.2) を得る．

$$L\frac{d^2q(t)}{dt^2} + R\frac{dq(t)}{dt} + \frac{1}{C}q(t) = e(t) \tag{3.2}$$

このように，系の入力と出力の関係は一般に定係数線形微分方程式で表される．出力 $q(t)$ は，特性方程式

$$Lp^2 + Rp + \frac{1}{C} = 0 \tag{3.3}$$

の根 p_1，p_2 が実根になるか複素根になるかによって，非振動性になるか振動性になるかが決まる．詳しくは 5 章で説明する．式 (3.2) における入出力関係を図にすると図 3.2 のようになり，1 入力 1 出力の系を対象にして系を一つのブラックボックスと考える表現法となる．この表現法を用いた制御理論を**古典制御理論**と呼んでいる．

また，別の例として，図 3.3 のような機械系を考えてみよう．図において，B は粘性摩擦抵抗〔N・s/m〕を，C_m はばね定数の逆数（コンプライアン

3.1 微分方程式による制御系の表現

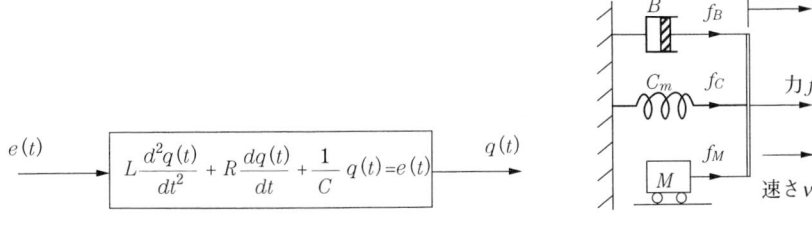

図 **3.2** 制御系の微分方程式による表現 　　　図 **3.3** 機械系の例

ス）〔m/N〕を，M は質量〔kg〕を表す．

抵抗，ばね，質量には，それぞれつぎの式が成り立つ．

$$f_B(t) = B\nu(t) \tag{3.4}$$

$$f_C(t) = \frac{1}{C_m}\int \nu(t)dt \tag{3.5}$$

$$f_M(t) = M\frac{d\nu(t)}{dt} \tag{3.6}$$

ここで，式 (3.4)〜(3.6) はそれぞれ電気抵抗，コンデンサ，コイルの電圧-電流方程式に対応している．

力の和の関係式 $f = f_M + f_B + f_C$ を考慮すると，この機械系の入出力を表す微分方程式は式 (3.7) のようになる．

$$M\frac{d\nu(t)}{dt} + B\nu(t) + \frac{1}{C_m}\int \nu(t)dt = f(t) \tag{3.7}$$

さらに，$\nu(t) = dx(t)/dt$ を代入すると，式 (3.8) を得る．

$$M\frac{d^2x(t)}{dt^2} + B\frac{dx(t)}{dt} + \frac{1}{C_m}x(t) = f(t) \tag{3.8}$$

電気系を表現している式 (3.1) あるいは式 (3.2) と，機械系を表現している式 (3.7) あるいは式 (3.8) は変数名が違うだけで同形であることに注意されたい．電気系の電圧と機械系の外力の関係を基礎にして，電気系と機械系の対応関係を示すと**表 3.1** のようになる．このように機械系は等価な電気系に置き換えて考えることができるので，特性の不明な機械系に等価な電気回路をつくり，所望の電圧や電流を測定あるいは計算することによって，その機械

3. 制御系のモデル

表 3.1 電気系と機械系の対応関係

電気系		機械系	
電圧	$e(t)$	外力	$f(t)$
電流	$i(t)$	速さ	$v(t)$
電荷	$q(t)$	移動距離	$x(t)$
抵抗	R	粘性摩擦抵抗	B
インダクタンス	L	質量	M
キャパシタンス	C	コンプライアンス	C_m

系の特性を知ることができる。これを**シミュレーション**という。

このような対応関係は機械系のみならず，熱力系や流体系などに対しても成り立つので，制御工学における制御系は非常に広い範囲の物理現象に適用できるものであることが想像できよう。

3.1.2 状態空間モデルによる系の表現

式 (3.2) を変形すると

$$\frac{d^2q(t)}{dt^2} = \frac{1}{L}e(t) - \frac{R}{L}\frac{dq(t)}{dt} - \frac{1}{LC}q(t) \tag{3.9}$$

のように表せる。この式は，$e(t)$ を $1/L$ 倍したものから $dq(t)/dt$ の R/L 倍と $q(t)$ の $1/(LC)$ 倍を差し引いたものが $d^2q(t)/dt^2$ に等しいことを示しているから，$e(t)$ と $q(t)$ の関係は，二つの積分器を用いて**図 3.4**(a)のようにも表せる。

式 (3.2) あるいは式 (3.9) は，入力と出力のみに着目した微分方程式による数式表現であったが，系内部にも変数を考えて数式表現することもできる。例えば

$$x_1(t) = q(t) \tag{3.10}$$

$$x_2(t) = \frac{dx_1(t)}{dt} = \frac{dq(t)}{dt} \tag{3.11}$$

のように二つの変数をとり，2 階微分方程式である式 (3.9) を行列表示すると式 (3.12) のように書くことができる。

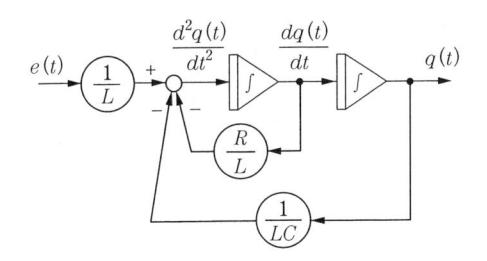

3.1 微分方程式による制御系の表現

(a) 積分器を用いて入出力の関係を表した
    ブロック図

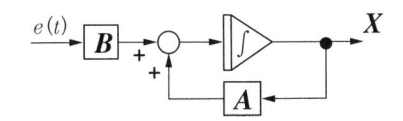

(b) 状態空間モデル

図 **3.4**

$$\frac{d\boldsymbol{X}}{dt} = \boldsymbol{A}\boldsymbol{X} + \boldsymbol{B}e(t) \tag{3.12}$$

$\boldsymbol{X}$ および $\boldsymbol{A}$, $\boldsymbol{B}$ は式 (3.13)〜(3.15) で表される。

$$\boldsymbol{X} = \begin{bmatrix} x_1(t) \\ x_2(t) \end{bmatrix} \tag{3.13}$$

$$\boldsymbol{A} = \begin{bmatrix} 0 & 1 \\ -\dfrac{1}{LC} & -\dfrac{R}{L} \end{bmatrix} \tag{3.14}$$

$$\boldsymbol{B} = \begin{bmatrix} 0 \\ \dfrac{1}{L} \end{bmatrix} \tag{3.15}$$

ここで，$x_1(t)$ および $x_2(t)$ を状態変数，$\boldsymbol{X}$ を状態ベクトル，$\boldsymbol{A}$ を系マトリックス，$\boldsymbol{B}$ を制御マトリックスという。式 (3.12) による系表現を状態空間モデルといい，図に表すと**図 3.4**(b)のようになる。

この表現法は，系内部の状態変数についての時間応答を求めたい場合や，多入力-多出力系の解析に有効な方法である。また，コンピュータを用いた解析に適している。この状態空間モデルを用いた制御理論を**現代制御理論**と呼ぶ。

この表現法は本書では扱わないので他の書籍を参考にされたい。

以上述べてきた数式表現法では，系の特性を知るために微分方程式を直接解かなければならないので，1入力1出力の系の解析や周波数に着目した解析のためにはあまり便利な表現法ではない。そこで，3.2 節以降で微分方程式を別の表現式で表し，その結果を用いて，その系特有の数式モデルを導くことにする。

3.2 ラプラス変換

微分方程式の解を求めるために，検討のための土俵を周波数領域に移して解く**フーリエ変換**という方法がある。この方法は複素数表示によるフーリエ級数展開において，周波数成分を連続量としたもので，時間関数 $f(t)$ は式 (3.16) を用いて複素関数 $F(j\omega)$ に変換される。

$$F(j\omega) = \int_{-\infty}^{+\infty} f(t)e^{-j\omega t}dt \tag{3.16}$$

制御工学では，系の振舞いは $t \geq 0$ に限られるので，式 (3.16) における積分範囲は $0 \sim \infty$ となり，式 (3.17) のようになる。

$$F(j\omega) = \int_{0}^{+\infty} f(t)e^{-j\omega t}dt \tag{3.17}$$

ここで，式 (3.17) の積分が発散しないためには

$$\int_{0}^{+\infty} |f(t)|\, dt < \infty \tag{3.18}$$

が必要だが，つねに成り立つとは限らない。例えば，$f(t)$ が

$$f(t) = u(t) = \begin{cases} 0 & (t < 0) \\ 1 & (t \geq 0) \end{cases} \tag{3.19}$$

という単位ステップ関数の場合には，式 (3.18) は満足されない。そこで，$f(t)$ に収束因子 $e^{-\sigma t}$ を乗じた関数 w を導入して重み付けを行うと

$$\int_{0}^{+\infty} |w|\, dt = \int_{0}^{+\infty} |u(t)e^{-\sigma t}|\, dt < \infty \tag{3.20}$$

3.2 ラプラス変換

となり，積分値が存在できる。この重み付けを用いると，フーリエ変換は

$$\int_0^\infty \{f(t)e^{-\sigma t}\}e^{-j\omega t}dt = \int_0^\infty f(t)e^{-(\sigma+j\omega)t}dt \tag{3.21}$$

に書き換えられる。ここで

$$s = \sigma + j\omega \tag{3.22}$$

とおくと

$$\mathcal{L}[f(t)] = F(s) = \int_0^\infty f(t)e^{-st}dt \tag{3.23}$$

となる。これを**ラプラス変換**という。つまり，ラプラス変換はフーリエ変換を拡張したものであるといえる。$F(s)$ を $f(t)$ に戻すには

$$\mathcal{L}^{-1}[F(s)] = f(t) = \frac{1}{2\pi j}\int_{c-j\infty}^{c+j\infty} F(s)e^{st}ds \tag{3.24}$$

を用いる。記号 $\mathcal{L}[f(t)]$ は $f(t)$ のラプラス変換を，記号 $\mathcal{L}^{-1}[F(s)]$ は $F(s)$ の**ラプラス逆変換**を表すものとする。式 (3.22) において，σ は収束性（減衰性）に寄与する因子，ω は周期性に寄与する因子である。このラプラス変換を用いると，微分方程式はラプラス演算子 s に関する代数方程式に変換されるので，簡単に s 領域における解を求めることができ，その後，逆変換を求めることで，時間領域の解を得ることができる。

この解法の手順を図に表すと**図 3.5** のようになる。微分方程式を直接解かずに迂回するこの解法は機械的に解が得られることに特徴がある。正弦波交流回路の解析に用いられる**ベクトル記号法**（$j\omega$ 法）も迂回解法である。

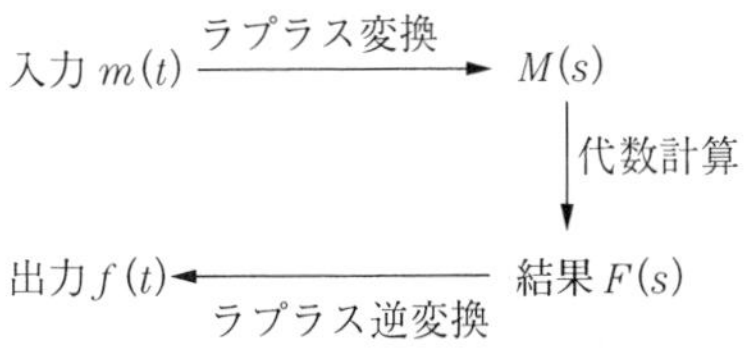

図 3.5 ラプラス変換を用いた微分方程式の解法

この方法では，$m(t)$ のラプラス変換と $F(s)$ のラプラス逆変換がキーとなるが，あらかじめ，代表的な時間関数とそのラプラス変換の対応関係（**ラプラス変換対**）を知っておけば，それらの組合せでほとんどのラプラス変換と逆変

換を容易に求めることができる.そこで,3.3 節では代表的なラプラス変換を求めていく.

3.3 ラプラス変換定理と代表的なラプラス変換対

式 (3.23) を用いて,よく利用される変換定理と代表的な関数のラプラス変換対を求めてみよう.読者諸君は実際に計算して結果を確認してほしい.

3.3.1 ラプラス変換定理(Ⅰ)

〔1〕線 形 定 理

$$\mathcal{L}[af_1(t) \pm bf_2(t)] = a\mathcal{L}[f_1(t)] \pm b\mathcal{L}[f_2(t)] \qquad (3.25)$$

f_1, f_2 が線形であれば,この定理が成立する.

〔2〕微 分 定 理

$$\mathcal{L}\left[\frac{df(t)}{dt}\right] = s\mathcal{L}[f(t)] - f(0) = sF(s) - f(0) \qquad (3.26)$$

式 (3.23) を使って,この定理が成り立つことを確かめてほしい.2 階,3 階,…の場合には,この定理を繰り返し利用すればよい.ここで,ラプラス演算子 s は微分演算子 d/dt に相当することが推察できよう.では,$1/s$ は何を表すのだろうか.つぎの定理がそれを教えてくれる.

〔3〕積 分 定 理

$$\mathcal{L}\left[\int_0^t f(t)dt\right] = \frac{1}{s}\mathcal{L}[f(t)] = \frac{F(s)}{s} \qquad (3.27)$$

3.3.2 ラプラス変換対(Ⅰ)

〔1〕$Ku(t)$ あるいは K のラプラス変換

$$\mathcal{L}[Ku(t)] = \int_0^\infty Ku(t)e^{-st}dt = K\int_0^\infty e^{-st}dt = \frac{K}{s} \qquad (3.28)$$

〔2〕 $e^{-\alpha t}$ のラプラス変換

$$\mathscr{L}[e^{-\alpha t}] = \int_0^\infty e^{-\alpha t} e^{-st} dt = \int_0^\infty e^{-(s+\alpha)t} dt = \frac{1}{s+\alpha} \qquad (3.29)$$

〔3〕 **sin ωt, cos ωt のラプラス変換**

$$\mathscr{L}[e^{j\omega t}] = \frac{1}{s-j\omega} = \frac{s}{s^2+\omega^2} + j\frac{\omega}{s^2+\omega^2}$$

$e^{j\omega t} = \cos \omega t + j \sin \omega t$（オイラーの式）を用いると

$$\mathscr{L}[e^{j\omega t}] = \mathscr{L}[\cos \omega t] + j\mathscr{L}[\sin \omega t]$$

両式を比べると

$$\mathscr{L}[\sin \omega t] = \frac{\omega}{s^2+\omega^2} \qquad (3.30)$$

$$\mathscr{L}[\cos \omega t] = \frac{s}{s^2+\omega^2} \qquad (3.31)$$

〔4〕 **t のラプラス変換**

$$\mathscr{L}[t] = \frac{1}{s^2} \qquad (3.32)$$

一般には

$$\mathscr{L}[t^n] = \frac{n!}{s^{n+1}} \qquad (3.33)$$

〔5〕 **インパルス関数 $\delta(t)$ のラプラス変換**

$$\delta(t) = \begin{cases} 0 & (t \neq 0) \\ \infty & (t = 0) \end{cases} \qquad (3.34)$$

かつ

$$\int_{-\infty}^{+\infty} \delta(t) dt = 1 \qquad (3.35)$$

である関数を単位インパルス関数という。この関数は面積が1のパルスの幅を限りなく0に近づけたものといえる。$\delta(t)$ は $t=0$ で∞の大きさをもつことから，図 **3.6** のように矢印で表示する。また，式 (3.36) が成り立つ。

$$\int_{-\infty}^{+\infty} f(t)\delta(t) dt = \int_{0-}^{0+} f(t)\delta(t) dt = f(0) \qquad (3.36)$$

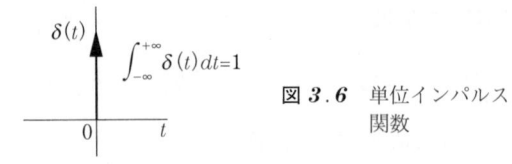

図 3.6 単位インパルス関数

この関数は，衝撃波や抵抗成分のない理想コンデンサを充放電させた場合の電流などに相当する。

$\delta(t)$ のラプラス変換は式 (3.37) となる。

$$\mathscr{L}[\delta(t)] = \int_0^\infty \delta(t)e^{-st}dt = \int_{0-}^{0+} \delta(t)e^{-st}dt = e^0 = 1 \tag{3.37}$$

3.3.3 ラプラス変換対（II）

〔1〕 減衰要素のラプラス変換

$$\mathscr{L}[e^{-\alpha t}f(t)] = \int_0^\infty e^{-(s+\alpha)t}f(t)dt = F(s+\alpha) \tag{3.38}$$

ただし，$\mathscr{L}[f(t)] = F(s)$

この定理によれば，よく使われる減衰振動に関する関係式が得られる。

$$\mathscr{L}[e^{-\alpha t}\sin \omega t] = \frac{\omega}{(s+\alpha)^2 + \omega^2} \tag{3.39}$$

$$\mathscr{L}[e^{-\alpha t}\cos \omega t] = \frac{s+\alpha}{(s+\alpha)^2 + \omega^2} \tag{3.40}$$

〔2〕 むだ時間要素のラプラス変換

図 3.7 のように，入力信号に対して出力信号が，むだ時間 t_0 だけ遅れて発生する系を**むだ時間要素**と呼ぶ。

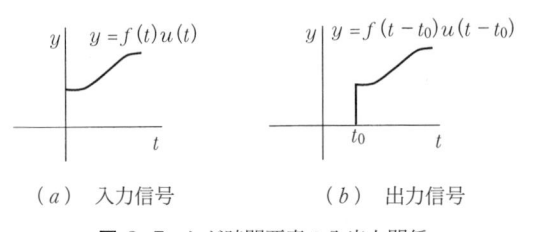

(a) 入力信号　　(b) 出力信号

図 3.7　むだ時間要素の入出力関係

そのラプラス変換はつぎのようになる。

$$\mathcal{L}[f(t-t_0)\,u(t-t_0)] = \int_0^\infty f(t-t_0)\,u(t-t_0)e^{-st}dt$$

$$= \int_{t_0}^\infty f(t-t_0)e^{-st}dt$$

ここで，$t - t_0 = \tau$ とおくと

$$原式 = \int_0^\infty f(\tau)e^{-s(\tau+t_0)}d\tau = e^{-st_0}\int_0^\infty f(\tau)e^{-s\tau}d\tau = e^{-st_0}F(s)$$

したがって，むだ時間要素のラプラス変換は

$$\mathcal{L}[f(t-t_0)\,u(t-t_0)] = e^{-t_0 s}F(s) \tag{3.41}$$

となる。

3.3.4 部分分数分解を用いたラプラス逆変換の求め方

s の関数 $F(s)$ が式 (3.42) で表されているとする。

$$F(s) = \frac{N(s)}{s^n + a_{n-1}s^{n-1} + a_{n-2}s^{n-2} + \cdots} \tag{3.42}$$

式 (3.42) において分子 $N(s)$ の次数が分母の次数 n よりも小さいか等しいとき，$F(s)$ は**プロパー**であるという。ここで，式 (3.42) の分母を 0 とおいた式を**特性方程式**，その根を**特性根**という。式 (3.42) の分母を因数分解した後，**部分分数**に分解すると式 (3.43) のように変形できる。

$$F(s) = \frac{N(s)}{(s-s_1)(s-s_2)(s-s_3)\cdots}$$

$$= \frac{K_1}{(s-s_1)} + \frac{K_2}{(s-s_2)} + \frac{K_3}{(s-s_3)} + \cdots \tag{3.43}$$

ここで，K_1, K_2, … を**留数**，特性根 s_1, s_2, … を**1位の極**と呼ぶ。

式 (3.43) は $(s - s_n)$ の 1 乗で因数分解される例を表しているが，2 乗，3 乗，… で分解される場合，すなわち s_n が特性方程式の重根の場合もある。このときは**2位，3位，…の極**と呼ぶ。

式 (3.43) のラプラス逆変換は

$$f(t) = K_1 e^{s_1 t} + K_2 e^{s_2 t} + \cdots \tag{3.44}$$

のように求められる。K_1, K_2, $\cdots$ の求め方は具体例を用いて説明しよう。

例として
$$F(s) = \frac{s+1}{s^2+s-6} \tag{3.45}$$
を考える。部分分数分解すると
$$F(s) = \frac{s+1}{(s+3)(s-2)} = \frac{K_1}{s+3} + \frac{K_2}{s-2} \tag{3.46}$$
となるはずである。K_1, K_2 を求めるにはいくつかの方法があるが，ここでは2通りの方法を紹介しよう。

第1の方法は未定係数法である。式 (3.46) の分母を払って整理すると
$$(K_1+K_2)s + (3K_2-2K_1) = s+1$$
この式は s に関する恒等式で s の係数と定数項は両辺で等しく
$$\begin{cases} K_1+K_2 = 1 \\ 3K_2-2K_1 = 1 \end{cases}$$
となる。これらを解くと，$K_1 = 2/5$, $K_2 = 3/5$ が得られる。この方法は，考え方は簡素だが，連立方程式を解かなければならないため，未定係数の数が多い場合には計算がやっかいになるという欠点がある。

第2の方法は留数による決定法である。式 (3.46) の第2辺と第3辺に $(s+3)$ を掛けると
$$\frac{s+1}{s-2} = K_1 + \frac{s+3}{s-2}K_2$$
上述のように，この式は s に関する恒等式で任意の s に対して成立するので，$s = -3$ とおいても成立する。このとき，右辺第2項は0となり，K_1 が求められる。K_2 も同様にして求められる。すなわち
$$\begin{cases} K_1 = [(s+3)F(s)]_{s=-3} = \left[\dfrac{s+1}{s-2}\right]_{s=-3} = \dfrac{2}{5} \\ K_2 = [(s-2)F(s)]_{s=2} = \left[\dfrac{s+1}{s+3}\right]_{s=2} = \dfrac{3}{5} \end{cases} \tag{3.47}$$
のように求められる。

では，s_n が重根の場合はどのようにすればよいだろうか．例として

$$F(s) = \frac{2s^2 + 3s + 3}{s(s+1)^2} \tag{3.48}$$

を考えてみよう．$F(s)$ を部分分数分解すると式 (3.49) のようになる．

$$F(s) = \frac{K_1}{s} + \frac{K_2}{s+1} + \frac{K_3}{(s+1)^2} \tag{3.49}$$

K_1，K_3 は式 (3.47) の方法で求められ，式 (3.50) のようになる．

$$\begin{cases} K_1 = [sF(s)]_{s=0} = 3 \\ K_3 = [(s+2)^2 F(s)]_{s=-2} = -2 \end{cases} \tag{3.50}$$

K_2 を求めるためには，式 (3.48) と式 (3.49) に $(s+1)^2$ を掛ける．

$$\frac{2s^2 + 3s + 3}{s} = \frac{(s+1)^2}{s} K_1 + (s+1) K_2 + K_3$$

つぎに，K_3 を消去するために両辺を s で微分すると

$$\frac{(4s+3)s - (2s^2 + 3s + 3)}{s^2} = \frac{2(s+1)s - (s+1)^2}{s^2} K_1 + K_2$$

ここで，$s = -1$ とおくと

$$K_2 = \left[\frac{d\{(s+1)^2 F(s)\}}{ds} \right]_{s=-1} = -1 \tag{3.51}$$

により，K_2 が得られる．したがって，$F(s)$ は

$$F(s) = \frac{3}{s} + \frac{-1}{s+1} + \frac{-2}{(s+1)^2} \tag{3.52}$$

となり，ラプラス逆変換は式 (3.53) のように求められる．

$$f(t) = 3 - e^{-t} - 2e^{-t}t = 3 - (1+2t)e^{-t} \tag{3.53}$$

3.3.5 ラプラス変換定理（II）

〔**1**〕 **初期値定理**　　$f(t)$ の微分 $df(t)/dt$ のラプラス変換は式 (3.23) より

$$\mathcal{L}\left[\frac{df(t)}{dt}\right] = \int_0^\infty \frac{df(t)}{dt} e^{-st} dt = sF(s) - f(0) \tag{3.54}$$

ここで，$s \to \infty$ とすると $e^{-st} \to 0$ になるので

$$\lim_{s \to \infty}\{sF(s) - f(0)\} = 0$$

したがって

$$f(0) = \lim_{s \to \infty} sF(s) \qquad (3.55)$$

が得られる。これを**初期値定理**という。制御工学では初期値を 0 として扱うので，ほとんど使われることはないが，電気回路などの分野においてはよく使われる重要な定理である。

〔**2**〕 **最終値定理** 制御系の出力の最終値（定常値）について考えてみよう。例えば，ある系の出力のラプラス変換が式 (3.56) のように表されるとすると，出力 $f(t)$ は式 (3.57) のようになる。

$$F(s) = \frac{N}{(s-s_1)(s-s_2)} = K\left(\frac{1}{s-s_1} - \frac{1}{s-s_2}\right) \qquad (3.56)$$

$$f(t) = K(e^{s_1 t} - e^{s_2 t}) \qquad (3.57)$$

ここで，$f(t)$ の最終値についてつぎのことがわかる。

（1） 極 s_1, s_2 の実部が負で虚部が 0 の場合，$f(t)$ の各項は指数的に減衰し，$t \to \infty$ で 0 となる。

（2） 極 s_1, s_2 の実部が負で虚部が 0 でない場合（s_1, s_2 が共役複素数の場合），$f(t)$ は振動しながら減衰し，$t \to \infty$ で 0 となる。

（3） 極 s_1 が 0（実部も虚部も 0）の場合，$f(t)$ の第 1 項目は一定値で，$t \to \infty$ になっても変わらない。ただし，s_1 も s_2 も両方 0 の場合（2 位の極の場合）には，$f(t)$ は t に比例し，発散する。一般に $s = 0$ が 2 位以上の極の場合には発散する。

（4） 極 s_1, s_2 の実部のみが 0 の場合（純虚数の場合），$f(t)$ は一定振幅の持続振動となり，$t \to \infty$ で最終値は定まらない。

（5） 極 s_1, s_2 の実部が正で虚部が 0 の場合，$f(t)$ の各項は指数的に増加し，$t \to \infty$ で $f(t) \to \infty$ となる。

（6） 極 s_1, s_2 の実部が正で虚部が 0 でない場合（s_1, s_2 が共役複素数の場

3.3 ラプラス変換定理と代表的なラプラス変換対

合),$f(t)$ は振動しながら発散する。

この様子を図示すると**図 3.8** のようになる [1]。

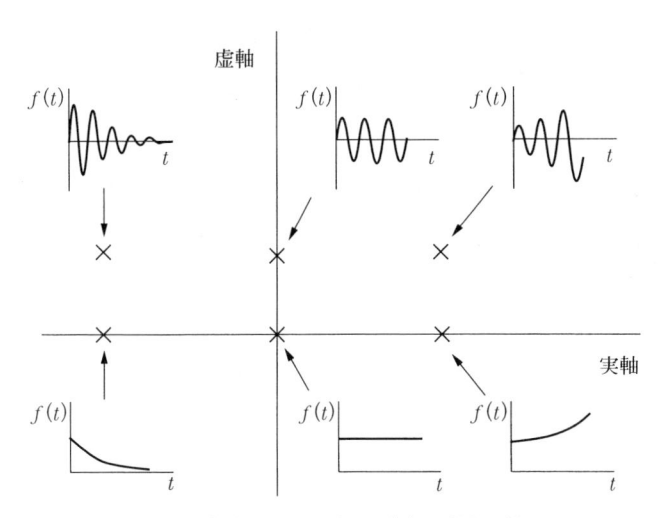

図 3.8 極配置による出力 $f(x)$ の変化の様子

同図からわかるように,極が複素平面上の左半分になければ最終値は存在しない。言い換えれば,$F(s)$ の極が複素平面上の左半分(虚軸を含まない)にあるならば最終値が存在する。ただし,原点が 1 位の極の場合も含む。

このとき,最終値 $f(\infty)$ は

$$f(\infty) = \lim_{s \to 0} sF(s) \tag{3.58}$$

で求められる。これを**最終値定理**と呼ぶ。

【証明】 式 (3.54) において $s \to 0$ とすると

$$\lim_{s \to 0} \int_0^\infty \frac{df(t)}{dt} e^{-st} dt = \lim_{s \to 0} \{sF(s) - f(0)\}$$

ここで

$$\text{左辺} = \int_0^\infty \frac{df(t)}{dt} \, dt = f(\infty) - f(0)$$

したがって

$$f(\infty) - f(0) = \lim_{s \to 0} sF(s) - f(0)$$

$$\therefore f(\infty) = \lim_{s \to 0} sF(s)$$

この定理は，系の出力 $f(t)$ を解くことなく，最終的にどのような値に落ち着くのかを知るための重要な定理である．この考え方は制御系の安定性の考察につながるのであるが，詳しくは 6 章で説明する．

3.4　伝達関数による制御系の表現

RLC 直列回路を例にとって，入力信号 $e(t)$ と出力信号 $q(t)$ の関係を微分方程式で表すと，式 (3.2) のようになる．しかし，便利な表現法ではなかった．そこで，3.2 節と 3.3 節で述べたラプラス変換を用いた表現法を考えてみよう．

3.4.1　伝　達　関　数

初期条件を 0 として，式 (3.2) をラプラス変換すると

$$Ls^2 Q(s) + RsQ(s) + \frac{1}{C} Q(s) = E(s) \tag{3.59}$$

のようになる．ここに，$Q(s) = \mathcal{L}[q(t)]$，$E(s) = \mathcal{L}[e(t)]$ である．$Q(s)$ について解くと，式 (3.60) を得る．

$$Q(s) = \frac{1}{Ls^2 + Rs + 1/C} E(s) \tag{3.60}$$

ここで

$$G(s) = \frac{1}{Ls^2 + Rs + 1/C} \tag{3.61}$$

とおくと

$$Q(s) = G(s)E(s) \tag{3.62}$$

のように表せる．$G(s)$ は系の入出力関係を固有に表すもので**伝達関数**という．

つまり，ラプラス変換によれば，入力と出力の関係は

$$[出力\ Y(s)] = [伝達関数\ G(s)] \times [入力\ X(s)] \tag{3.63}$$

となる．このように，特性を議論する土俵を時間領域からラプラス領域へ移すことによって，入力と出力の関係を代数式で表すことができる．これが古典制御理論の特徴である．この関係を図示すると図 **3.9** のようになる．ここで，式 (3.59) と式 (3.2) を比べると，ラプラス演算子 s は微分演算子 p に対応していることに留意してほしい．また，入力が単位インパルス $\delta(t)$ のときの出力は $Y(s) = G(s)\mathcal{L}[\delta(t)]$ で，$\delta(t)$ のラプラス変換は 1 だから $Y(s) = G(s)$ となる．すなわち，**インパルス応答**のラプラス変換はそのシステムの伝達関数を表すことになる．

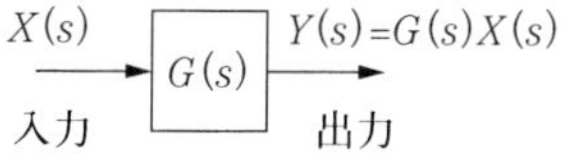

$$\xrightarrow{X(s)} \boxed{G(s)} \xrightarrow{Y(s)=G(s)X(s)}$$

図 **3.9** 伝達関数モデル

このことは，われわれの日常生活でもよく経験することで，スイカの善し悪しを知るためにトントンと叩いて音を調べたり，電車庫で保安作業員が車輪を金づちで叩いて亀裂などがないかどうかを点検することと同じである．叩いて与えた衝撃がインパルスで，返ってきた音がスイカや車輪（すなわち系）の特性を表しているといえる．

一般に，n 次系の伝達関数は式 (3.64) のように表される．

$$G(s) = \frac{b_0 s^m + b_1 s^{m-1} + b_2 s^{m-2} + \cdots}{a_0 s^n + a_1 s^{n-1} + a_2 s^{n-2} + \cdots} \tag{3.64}$$

式 (3.64) において，$m > n$ の場合には，割り算を実行すると $G(s)$ は少なくとも s の 1 次式を含み，微分器の特性をもつことになる．微分器は時間 t に対する入力 $x(t)$ の傾きを出力するので，急峻に変化するノイズを増幅する働きをしてしまう．それゆえ実際上，$m > n$ は不適で，通常の制御系では $m \leq n$（**プロパー**）となっている．

式 (3.64) の分母も分子も因数分解された形で表現できる．例えば，分母を実数のみで因数分解された形で表現すると

$$a_0 s^n + a_1 s^{n-1} + a_2 s^{n-2} + \cdots = K \prod_{i=1}^{\infty}(s + \gamma_i) \prod_{j=1}^{\infty}(s^2 + \alpha_j s + \beta_j)$$

$$\tag{3.65}$$

となる。ここで，K, α_j, β_j, γ_i は定数を，記号 $\prod_{i=1}^{\infty}$ は $i = 1, 2, 3, \cdots$ についての積を意味する。

分子についても同様である。つまり，伝達関数 $G(s)$ は定数と s に関する1次式，2次式の積で表すことができ，これらを**基本伝達関数**あるいは基本伝達要素と呼ぶ。したがって，基本伝達関数の特性を理解すれば高次の伝達関数の特性を知ることができる。この特性については4章，5章で検討する。

3.4.2 ブロック線図

図 3.9 のように入力 X と出力または応答 Y の因果関係を図示したものを**ブロック線図**という。図 3.10 にフィードバック制御系のブロック線図の例を示す。ブロック線図では制御要素を線で結び，信号（あるいは情報量）の流れを矢印で表す。同図において信号が加え合わせられるa点を**加え合せ点**，信号が引き出されるb点を**引出し点**という。

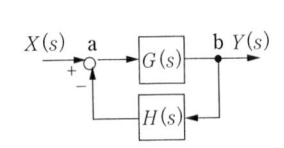

図 3.10 フィードバック制御系のブロック線図

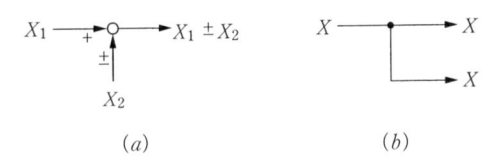

図 3.11 加え合せ点と引出し点

これらの信号接続点においては，図 3.11 に示すような特徴がある。すなわち，同図 (a) の加え合せ点ではそのまま和/差となるが，同図 (b) の引出し点では信号が分岐しても信号に変化はない。電気回路では回路が分岐すると電流は分流し，電流は変化するが，ブロック線図では情報量である信号自体に変化はないのである。

3.4.3 ブロック線図の等価変換

実際の制御系には多くの要素が複雑に含まれているので，そのままでは制御

系の解析や設計を行うことはたいへんである．そこで，各要素の組合せからできているブロック線図を等価変換して簡略化することを考えてみよう．**図 3.12** に代表的な要素の結合と**ブロック線図の簡略化**を示す．入力，出力，伝達関数はいずれも s の関数だが，簡単化のために "(s)" を省略している．直列結合と並列結合については各自確認してほしい．

(a) 直列結合　　(b) 並列結合　　(c) フィードバック結合

(d) 加え合せ点の移動　　(e) 引出し点の移動

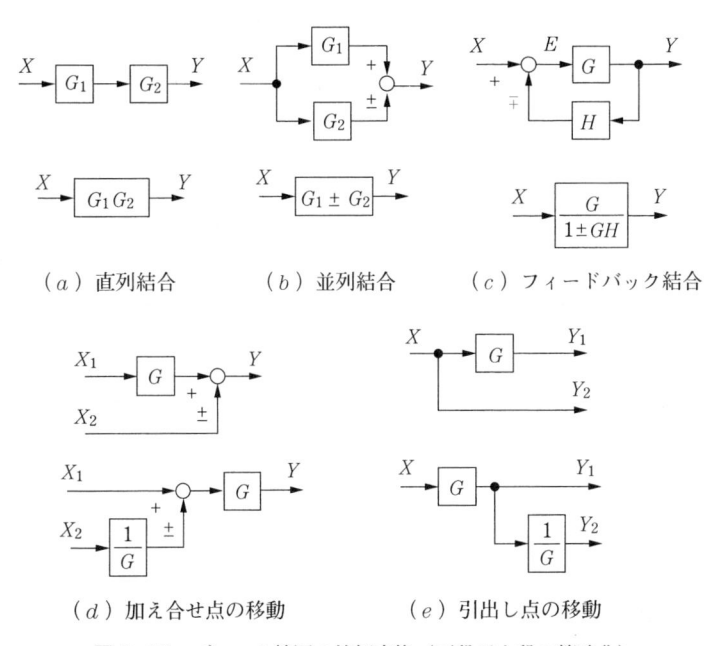

図 3.12 ブロック線図の等価変換（下段が上段の簡略化）

フィードバック結合においては
$$Y = GE, \quad E = X \mp HY$$
なる関係があるので，両式から E を消去すると式 (3.66) を得る．

$$Y = \frac{G}{1 \pm GH} X \tag{3.66}$$

ここで，加え合せが和のときは式 (3.66) の分母の符号は "−" で**ポジティブフィードバック（正帰還）**となり，加え合せが差のときは式 (3.66) の分母の符号は "＋" で**ネガティブフィードバック（負帰還）**となる．正帰還で

は発振が起こるため，制御系では負帰還が用いられる。

加え合せ点の移動においては

$$Y = GX_1 \pm X_2 = G\left(X_1 \pm \frac{1}{G}X_2\right) \tag{3.67}$$

引出し点の移動においては

$$Y_2 = X = \frac{1}{G}(GX) \tag{3.68}$$

が成り立つ。いずれの場合にも，入力と出力の状態が変わらないように等価変換されなければならない。

3.5 例 題

例題 3.1 つぎの時間関数のラプラス変換を求める。

（1） $\sinh \gamma t = \dfrac{e^{+\gamma t} - e^{-\gamma t}}{2}$ 　　（2） $\cosh \gamma t = \dfrac{e^{+\gamma t} + e^{-\gamma t}}{2}$

（3） $\sin \omega t\, u(t - t_0)$ 　　　　　　（4） $\cos \omega t\, u(t - t_0)$

【解答】
（1）

$$\mathcal{L}[\sinh \gamma t] = \mathcal{L}\left[\frac{e^{+\gamma t} - e^{-\gamma t}}{2}\right] = \frac{1}{2}\left(\frac{1}{s-\gamma} - \frac{1}{s+\gamma}\right) = \frac{\gamma}{s^2 - \gamma^2}$$

（2）

$$\mathcal{L}[\cosh \gamma t] = \mathcal{L}\left[\frac{e^{+\gamma t} + e^{-\gamma t}}{2}\right] = \frac{1}{2}\left(\frac{1}{s-\gamma} + \frac{1}{s+\gamma}\right) = \frac{s}{s^2 - \gamma^2}$$

（3）

$$\begin{aligned}
&\mathcal{L}[\sin \omega t\, u(t - t_0)] \\
&= \mathcal{L}[\sin\{\omega(t - t_0) + \omega t_0\}\, u(t - t_0)] \\
&= \mathcal{L}[\{\cos \omega t_0 \sin \omega(t - t_0) + \sin \omega t_0 \cos \omega(t - t_0)\}\, u(t - t_0)] \\
&= \left(\cos \omega t_0 \frac{\omega}{s^2 + \omega^2} + \sin \omega t_0 \frac{s}{s^2 + \omega^2}\right) e^{-t_0 s}
\end{aligned}$$

（4）

$$\mathcal{L}[\cos \omega t\, u(t - t_0)] = \mathcal{L}[\cos\{\omega(t - t_0) + \omega t_0\}\, u(t - t_0)]$$

$$= \mathcal{L}\left[\{\cos \omega t_0 \cos \omega (t - t_0) - \sin \omega t_0 \sin \omega (t - t_0)\} u(t - t_0)\right]$$
$$= \left(\cos \omega t_0 \frac{s}{s^2 + \omega^2} - \sin \omega t_0 \frac{\omega}{s^2 + \omega^2}\right) e^{-t_0 s} \qquad \diamondsuit$$

例題 3.2 つぎの s 関数のラプラス逆変換を求めてみよう。

(1) $F(s) = \dfrac{s-3}{s^2 + 3s + 2}$ (2) $F(s) = \dfrac{s+7}{s^2 + 2s + 5}$

【解答】
(1)
$$F(s) = \frac{s-3}{(s+2)(s+1)} = \frac{K_1}{s+2} + \frac{K_2}{s+1}$$
$$K_1 = \left[\frac{s-3}{s+1}\right]_{s=-2} = 5, \quad K_2 = \left[\frac{s-3}{s+2}\right]_{s=-1} = -4 \text{ より}$$
$$f(t) = \mathcal{L}^{-1}[F(s)] = 5e^{-2t} - 4e^{-t}$$

【別解】 MATLAB を用いて $F(s)$ を部分分数に分解するためには以下のようにする。

 ≫ num＝[1 −3];　　　　　（分子の s の係数と定数項）
 ≫ den＝[1 3 2];　　　　　（分母の s^2, s の係数と定数項）
 ≫ [r, p, k]＝residue(num, den)　（部分分数分解コマンド）

この結果，つぎのような表示が返ってくる。
　r＝
　　　5　　　　　　　　　　（$1/(s+2)$ の留数 K_1）
　　　−4　　　　　　　　　 （$1/(s+1)$ の留数 K_2）
　p＝
　　　−2　　　　　　　　　 （極を表示）
　　　−1　　　　　　　　　 （極を表示）
　k＝
　　　[ ]　（プロパーでないときの残余項）

(2) 特性方程式 $s^2 + 2s + 5 = 0$ の根は $s = -1 \pm j2$ だから

$$F(s) = \frac{s+7}{(s+1-j2)(s+1+j2)} = \frac{K_1}{s+1-j2} + \frac{K_2}{s+1+j2}$$

$$K_1 = \left[\frac{s+7}{s+1+j2}\right]_{s=-1+j2} = \frac{1}{2} - j\frac{3}{2}$$

$$K_2 = \left[\frac{s+7}{s+1-j2}\right]_{s=-1-j2} = \frac{1}{2} + j\frac{3}{2}$$

$$\therefore\quad f(t) = \left(\frac{1}{2} - j\frac{3}{2}\right)e^{-(1-j2)t} + \left(\frac{1}{2} + j\frac{3}{2}\right)e^{-(1+j2)t}$$

ここで,$e^{\pm j2t} = \cos 2t \pm j\sin 2t$ を用いて整理すると

$$f(t) = e^{-t}(\cos 2t + 3\sin 2t)$$

を得る.しかし,計算は少し煩雑である.そこで,もう少し簡単な方法を紹介する.

特性方程式の根が複素根になる場合には部分分数分解せず,つぎのように分母を**完全平方式**に直す.

$$F(s) = \frac{s+7}{(s+1)^2 + 4}$$

$$= \frac{(s+1) + 6}{(s+1)^2 + 2^2}$$

$$= \frac{s+1}{(s+1)^2 + 2^2} + \frac{3 \times 2}{(s+1)^2 + 2^2}$$

減衰要素のラプラス変換の関係式 $(3.38) \sim (3.40)$ を用いると

$$f(t) = e^{-t}\cos 2t + 3e^{-t}\sin 2t = e^{-t}(\cos 2t + 3\sin 2t)$$

が得られる.

(参考) このように $F(s)$ の分母=0 の根(特性根)が実根の場合には $f(t)$ は非振動性(指数関数)に,複素根の場合には振動性になる.それゆえ $F(s)$ の分母を 0 とおいた式を**特性方程式**という.

【別解】 (1)と同様に MATLAB を用いると,つぎのような表示を得る.

 r=

  0.5000−1.5000 i

  0.5000+1.5000 i

 p=

  −1.0000+2.0000 i

  −1.0000−2.0000 i

この結果から

$$F(s) = \frac{0.5 - j1.5}{s - (-1 + j2)} + \frac{0.5 + j1.5}{s - (-1 - j2)}$$
$$= \frac{0.5 - j1.5}{s + (1 - j2)} + \frac{0.5 + j1.5}{s + (1 + j2)}$$
$$f(t) = (0.5 - j1.5)e^{-(1-j2)t} + (0.5 + j1.5)e^{-(1+j2)t}$$

となる。このあとは，$e^{\pm j2t} = \cos 2t \pm j \sin 2t$ を用いて整理しなければならないから，部分分数分解より完全平方式を用いたほうがわかりやすい。 ◇

例題 3.3 図 3.13 に示す RL 直列回路において，$t = 0$ で直流電圧 E を印加するときの電流を，ラプラス変換を用いて求めよ。ただし，電圧を印加する前に電流は流れていなかったものとする。

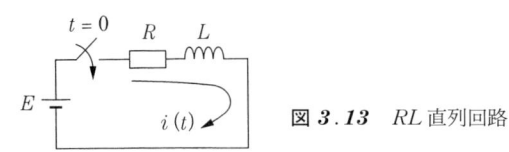

図 3.13 RL 直列回路

【解答】 回路方程式は
$$Ri(t) + L\frac{di(t)}{dt} = E$$
両辺をラプラス変換すると
$$RI(s) + L\{sI(s) - i(0)\} = \frac{E}{s}$$
ここで，$i(0) = 0$ である。整理すると
$$I(s) = \frac{1}{R + sL}\frac{E}{s} = \frac{E}{L}\frac{1}{s(s + R/L)}$$
部分分数に分解して
$$I(s) = \frac{E}{R}\left(\frac{1}{s} - \frac{1}{s + R/L}\right)$$
ラプラス逆変換を求めると
$$i(t) = \frac{E}{R}(1 - e^{-\frac{R}{L}t})$$
が得られる。

このように，図 3.5 に示した方法で，微分方程式を解くことができる。 ◇

例題 3.4 ラプラス領域の s 関数が以下の $F(s)$ で表される $f(t)$ の初期値と最終値を求めてみよう。

（1） $F(s) = \dfrac{-s^2 + 2s + 10}{s^3 + 2s^2 + 2s}$　　　（2） $F(s) = \dfrac{s + 5}{s^2 + s - 2}$

【解答】
（1） 初期値は $f(0) = \lim_{s \to \infty} s\,F(s) = -1$

また，特性方程式は
$$s^3 + 2s^2 + 2s = s(s^2 + 2s + 2) = 0$$
であるから，極は $s = 0$（1位の極），$-1 \pm j$ で，すべて複素平面上の左半分（原点を含む）に存在する。したがって，最終値は存在し
$$f(\infty) = \lim_{s \to 0} s\,F(s) = 5$$
となる。

（2） 初期値は $f(0) = \lim_{s \to \infty} s\,F(s) = 1$

また，特性方程式は
$$s^2 + s - 2 = (s + 2)(s - 1) = 0$$
であるから，極は $s = -2, 1$ で $s = 1$ は複素平面上の右半分に存在する。したがって，最終値は存在しない。　◇

例題 3.5 RL 直列回路に $t = 0$ で $e(t)$ の電圧を印加したときに電流 $i(t)$ が流れたとする。電圧を入力，電流を出力とみなして伝達関数とそのブロック線図を求めよう。ただし，$t < 0$ では電流は流れていなかったとする。

【解答】 $t \geqq 0$ における回路方程式
$$Ri(t) + L\dfrac{di(t)}{dt} = e(t)$$
の両辺をラプラス変換すると
$$RI(s) + Ls\,I(s) = E(s)$$
となり，これから伝達関数は
$$G(s) = \dfrac{I(s)}{E(s)} = \dfrac{1}{Ls + R}$$

のように求められる．分母子を Ls で割ると

$$G(s) = \frac{1}{L} \frac{1/s}{1 + (1/s)(R/L)}$$

が得られる．この式は，「前向き要素が $1/s$（積分要素），フィードバック要素が R/L であるフィードバック結合（負帰還）」と「係数要素 $1/L$」の直列結合を表しているので，ブロック線図は図 **3.14** のようになる． ◇

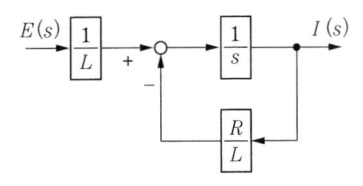

図 3.14 例題 3.5 の解

例題 3.6 図 **3.15** に示すブロック線図を等価変換して簡略化してみよう．

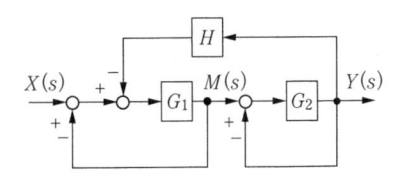

図 3.15 例題 3.6 のブロック線図

【解答】 図 **3.16** のように等価変換していく．

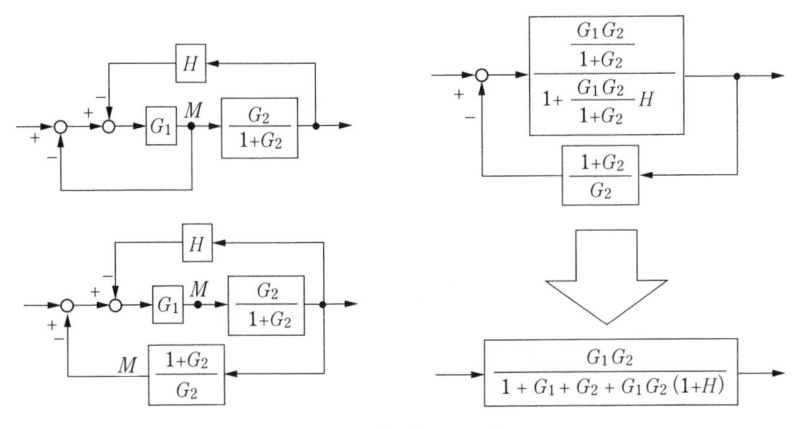

図 3.16 例題 3.6 の解

【別解】
$$M(s) = G_1\{X(s) - M(s) - HY(s)\}$$
$$Y(s) = G_2\{M(s) - Y(s)\}$$
から $Y(s)$ を解いて
$$Y(s) = \frac{G_1 G_2}{1 + G_1 + G_2 + G_1 G_2 (1+H)} X(s) \qquad \diamondsuit$$

例題 3.7 図 3.17(a) に示すフィードバック制御系は同図(b) に示す直結フィードバック制御系と等価であることを示せ。

(a)

(b)

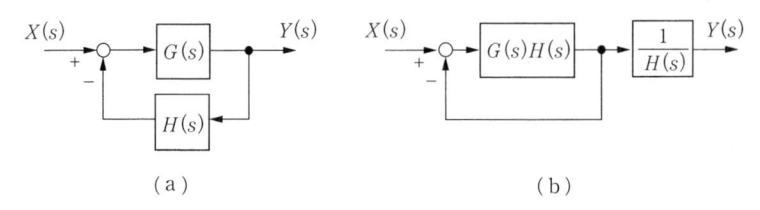

図 3.17 例題 3.7 のブロック線図

【解答】 図(a) において合成伝達関数を求めると
$$G_0(s) = \frac{G(s)}{1 + G(s)H(s)} = \frac{G(s)H(s)}{1 + G(s)H(s)} \cdot \frac{1}{H(s)}$$

これは，前向き要素が $G(s)H(s)$ の直結フィードバック要素と $1/H(s)$ の直列接続を表しており，そのブロック線図は図(b) のようになる。 $\diamondsuit$

演 習 問 題

【1】 問図 3.1 の機械系について，以下の問いに答えよ。

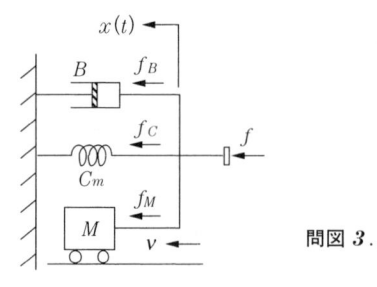

問図 3.1

ただし，B は粘性抵抗，C_m はばねのコンプライアンス（ばね定数 K の逆数），M は可動物体の質量であり，$f_B + f_C + f_m = f$ である。

（1） 系を微分方程式で表し，それと等価な電気回路を示せ。

（2） 加える力 f を振動性（$F_m \sin \omega t$）とすると，速さ v の位相が力 f の位相と同相になるための振動角周波数 ω を求めよ。

【2】 つぎの関数 $f(t)$ のラプラス変換 $F(s)$ を求めよ。

（1） $f(t) = 2\delta(t)$ （2） $f(t) = 2t$

（3） $f(t) = 3t^2$ （4） $f(t) = 5\sin\left(4t - \dfrac{\pi}{6}\right)$

（5） $f(t) = 2\,u\,(t-1)$ （6） $f(t) = \sin^2 \beta t$

（7） $f(t) = \sin\alpha t \cos\beta t$ （8） $f(t) = a\,t\,u\,(t-2)$

（9） $f(t) = e^{-2t}\cos 100\pi t$ （10） $f(t) = t\,e^{-5t}$

【3】 つぎの関数 $F(s)$ のラプラス逆変換 $f(t)$ を求めよ。また，$t \to \infty$ のときの $f(t)$ の値 $f(\infty)$ を求めよ。

（1） $F(s) = \dfrac{1}{s^2 + 7s + 12}$ （2） $F(s) = \dfrac{2}{s^3 + 3s^2 + 2s}$

（3） $F(s) = \dfrac{2s + 11}{s^2 + 8s + 25}$ （4） $F(s) = \dfrac{6}{(s^2+1)(s^2+4)}$

（5） $F(s) = \dfrac{-2s + 8}{s(s^2 + 4s + 8)}$ （6） $F(s) = \dfrac{4}{s(s+2)^2}$

（7） $F(s) = \dfrac{2}{s^2 + 4}\,e^{-3s}$ （8） $F(s) = \dfrac{e^{-s}}{s(s+1)}$

【4】 ラプラス変換を用いて，つぎの微分方程式を解け。

（1） $5\dfrac{dx(t)}{dt} + x(t) = 10$　ただし，$x(0) = 0$

（2） $\dfrac{d^2 x(t)}{dt^2} + 2\dfrac{dx(t)}{dt} + 8x(t) = 2$　ただし，$\dfrac{dx}{dt}(0) = 0,\ x(0) = 0$

【5】 RLC 直列回路に，時刻 $t = 0$ で直流電圧 E を印加した。ラプラス変換を用いて，回路に流れる電流 $i(t)$ を求めよ。ただし，$1/(LC) > \{R/(2L)\}^2$ であり，電圧を印加する前にコンデンサ C は充電されておらず，インダクタ L に初期電流は流れていなかったとする。

【6】 最終値定理を用いて，前記の問題【3】における $f(t)$ の最終値を求めよ。

【7】 問図 3.2 の制御系のブロック線図を簡略化せよ。

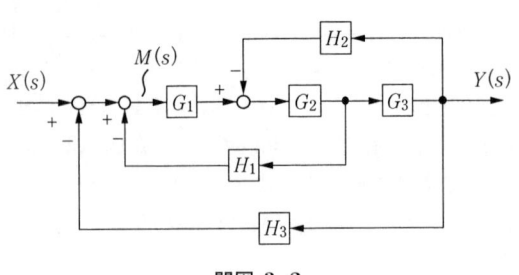

問図 3.2

4

制御系の過渡応答特性

　初期条件を0とし,時刻 $t=0$ で制御系に入力 $x(t)$ が与えられた場合,最終的な常定状態になったときの出力 $y(t)$ を**定常応答**,定常状態に至るまでの出力 $y(t)$ を**過渡応答**という。言い換えれば,入力が与えられた時点から時間の経過とともに減衰する過渡成分が残っている間の応答が過渡応答,過渡成分が消滅した時点 $(t \to \infty)$ での応答が定常応答である。定常応答については7章において詳しく述べる。

4.1 過 渡 応 答

　制御系の過渡特性を表すものとして,**インパルス応答**と**ステップ応答**(インディシャル応答)がある。前者は,初期値0の状態(静止状態)にある制御系に,入力として単位インパルス関数 $\delta(t)$ を加えたときの出力であり,後者は単位ステップ関数 $u(t)$ を加えたときの出力である。

4.1.1 インパルス応答

　制御系のインパルス応答 $g(t)$ がわかっていると,任意の入力 $x(t)$ に対する出力 $y(t)$ を求めることができる。

　入力として単位インパルス関数 $\delta(t)$ を加えたときの出力,すなわちインパルス応答を $g(t)$ とすると,制御系は時不変としているから,入力の印加時刻が τ だけ遅れて $\delta(t-\tau)$ ならば出力も遅れて $g(t-\tau)$ である。さらに系の線形性から,入力が $x(\tau)$ 倍になって $x(\tau)\delta(t-\tau)$ になると出力は $x(\tau)g(t-\tau)$ になる。このときの入力側と出力側を τ について $-\infty$ から $+\infty$ まで積分

すると，入力側の積分は

$$\int_{-\infty}^{+\infty} x(\tau)\,\delta(t-\tau)d\tau = x(t) \tag{4.1}$$

となり，$x(t)$ に等しくなるから，出力側の積分は $y(t)$ になる。つまり

$$y(t) = \int_{-\infty}^{+\infty} x(\tau)\,g(t-\tau)d\tau \tag{4.2}$$

である。ここで，系の因果性から，$\tau < 0$ では $x(\tau) = 0$ なので

$$y(t) = \int_0^{+\infty} x(\tau)\,g(t-\tau)d\tau$$

である。また，$t - \tau < 0$ すなわち $\tau > t$ では $g(t-\tau) = 0$ なので

$$y(t) = \int_0^t x(\tau)\,g(t-\tau)d\tau \tag{4.3}$$

となる。さらに，$t - \tau = \xi$ とおいて変数変換し，あらためて ξ を τ と書き換えると

$$y(t) = \int_0^t g(\tau)\,x(t-\tau)d\tau \tag{4.4}$$

を得る。式 (4.3) または式 (4.4) を**畳込み積分**あるいは**相乗積分**という。この式から，系のインパルス応答 $g(t)$ がわかっていれば任意の入力 $x(t)$ に対する出力 $y(t)$ を求めることができる。

実際上，試験入力としてのインパルスは，大きさが大きく，幅がきわめて小さいパルスで代用されるが，その大きさには限度があり，インパルス応答を計測することは困難であるから，あまり実用的ではない。

4.1.2 ステップ応答（インディシャル応答）

入力として単位ステップ関数 $u(t)$ を与えたときの出力 $h(t)$ を**ステップ応答**または**インディシャル応答**という。式 (4.4) を用いて表すと

$$h(t) = \int_0^t g(\tau)\,u(t-\tau)d\tau \tag{4.5}$$

$t - \tau \geqq 0$ すなわち $\tau \leqq t$ では $u(t-\tau) = 1$ なので

$$h(t) = \int_0^t g(\tau)d\tau \tag{4.6}$$

となり，$g(t)$ を求めると

$$g(t) = \frac{dh(t)}{dt} \tag{4.7}$$

となる．つまり，インパルス応答 $g(t)$ はステップ応答 $h(t)$ を微分することにより得ることができる．

実際上，インパルス応答 $g(t)$ を計測することは難しいが，ステップ応答 $h(t)$ を計測することは容易だから，$h(t)$ からインパルス応答 $g(t)$ を間接的に求め，式 (4.3) または式 (4.4) から任意の入力 $x(t)$ に対する出力 $y(t)$ を計算することができる．

以上のことから，制御系の過渡特性を知るためには，もっぱらステップ応答が用いられる．そこで，本章では種々の伝達要素のステップ応答について述べることにする．

ただし，3 章 3.4.1 項で述べたように，制御系は 1 次あるいは 2 次の基本伝達関数で表される制御要素の集合体として表され，系全体の特性は，それぞれの基本伝達の特性に依存するから，ここでは基本伝達関数について考察していく．なお，基本伝達関数の例として，電気回路を取り上げる．

4.2 比例要素，微分要素，積分要素の伝達関数と過渡応答

〔**1**〕 **比例要素**　　出力が単純に入力に比例する制御要素を**比例要素**という．電気回路では印加電圧 $v(t)$ を入力，電流 $i(t)$ を出力したときのコンダクタンスがこれにあたる．オームの法則から $i(t) = (1/R)v(t)$ であり，ラプラス変換すると $I(s) = (1/R)V(s)$ となるから伝達関数は $G(s) = 1/R$ である．

一般に，比例要素の伝達関数は s に関係せず，一定値 K_0 で

$$G(s) = K_0 \tag{4.8}$$

言うまでもなく，ステップ応答は

$$y(t) = \mathcal{L}^{-1}\left[\frac{K_0}{s}\right] = K_0 u(t) = K_0 \quad (t \geq 0) \tag{4.9}$$

となる。入出力関係を図示すると図 **4.1** (a) のようになる。この K_0 は**直流ゲイン**とも呼ばれる。

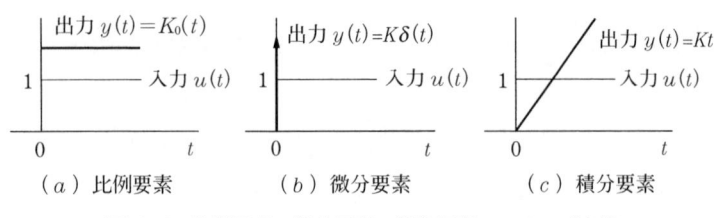

　　(a) 比例要素　　　　(b) 微分要素　　　　(c) 積分要素

図 **4.1**　比例要素，微分要素，積分要素のステップ応答

〔**2**〕　**微分要素**　　出力が入力の微分値に比例する制御要素を**微分要素**という。電気回路では印加電圧 $v(t)$ を入力，電流 $i(t)$ を出力としたときのコンデンサがこれにあたる。コンデンサの静電容量を C とすると印加電圧 $v(t)$ と蓄積電荷 $q(t)$ の関係は $q(t) = Cv(t)$ で，$q(t)$ と電流 $i(t)$ の関係は $i(t) = dq(t)/dt$ だから，出力は $i(t) = C\{dv(t)/dt\}$ である。ラプラス変換すると $I(s) = CsV(s)$ だから，s 領域におけるインピーダンス $Z_C(s)$ は

$$Z_C(s) = \frac{1}{sC} \tag{4.10}$$

であると考えられる。式 (4.10) は正弦波交流で適用されるベクトル記号法におけるインピーダンス $1/(j\omega C)$ に相当している。伝達関数はアドミタンスに相当し，$G(s) = Cs$ である。

　一般に，微分要素の伝達関数は

$$G(s) = Ks \quad (K は定数) \tag{4.11}$$

となる。ステップ応答は

$$Y(s) = Ks\frac{1}{s} = K \tag{4.12}$$

ラプラス逆変換して

$$y(t) = K\delta(t) \tag{4.13}$$

となる。入出力関係を図示すると図 (b) のようになる。

〔**3**〕　**積分要素**　　出力が入力の積分値に比例する制御要素を**積分要素**とい

う．電気回路では印加電圧 $v(t)$ を入力，電流 $i(t)$ を出力としたときのコイルがこれにあたる．コイルのインダクタンスを L とすると電磁誘導の法則から $v(t) = L\{di(t)/dt\}$ であり，出力は $i(t) = (1/L)\int v(t)dt$ である．ラプラス変換すると $I(s) = \{1/(Ls)\}V(s)$ だから，s 領域におけるインピーダンス $Z_L(s)$ は

$$Z_L(s) = sL \tag{4.14}$$

であると考えられる．式 (4.14) は，正弦波交流で適用されるベクトル記号法におけるインピーダンス $j\omega L$ に相当している．

伝達関数はアドミタンスに相当し，$G(s) = 1/(Ls)$ である．

一般に，積分要素の伝達関数は

$$G(s) = \frac{K}{s} \quad (K \text{ は定数}) \tag{4.15}$$

となる．ステップ応答は

$$Y(s) = \frac{K}{s}\frac{1}{s} = \frac{K}{s^2} \tag{4.16}$$

をラプラス逆変換して

$$y(t) = Kt \tag{4.17}$$

となる．入出力関係を図示すると図 (c) のようになる．

4.3 1次要素の伝達関数と過渡応答

〔1〕 **1次遅れ要素**　図 4.2 の RC 直列回路をラプラス変換領域で考えると，コンデンサのインピーダンスは式 (4.10) より $1/(sC)$，入力電圧と出力電圧および電流は $V_1(s)$, $V_2(s)$, $I(s)$ となるから，回路方程式は

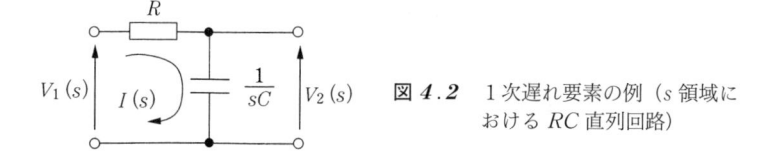

図 4.2　1次遅れ要素の例（s 領域における RC 直列回路）

$$V_1(s) = R\,I(s) + \frac{1}{C\,s}\,I(s) \tag{4.18}$$

$$V_2(s) = \frac{1}{C\,s}\,I(s) \tag{4.19}$$

となる。式 (4.18) と式 (4.19) から $I(s)$ を消去して $V_1(s)$ と $V_2(s)$ の比をとると

$$G(s) = \frac{V_2(s)}{V_1(s)} = \frac{1}{1 + RC\,s} \tag{4.20}$$

となる。$T = RC$ とおくと，一般に

$$G(s) = \frac{1}{1 + T\,s} \tag{4.21}$$

と表すことができ，ブロック線図として表すと**図 4.3** (a) となる。

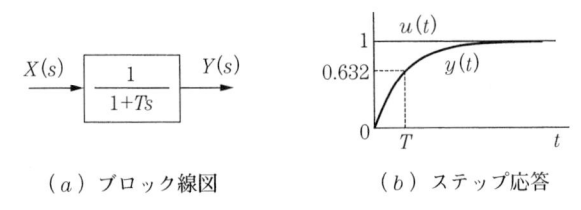

(a) ブロック線図　　　(b) ステップ応答

図 4.3 1次遅れ回路

ステップ応答 $Y(s)$ は

$$Y(s) = \frac{1}{1 + T\,s}\frac{1}{s} = \frac{1/T}{s\,(s + 1/T)} \tag{4.22}$$

部分分数分解すると

$$Y(s) = \frac{1}{s} - \frac{1}{s + 1/T} \tag{4.23}$$

ラプラス逆変換すると

$$y(t) = 1 - e^{-\frac{1}{T}t} \tag{4.24}$$

となる。入出力関係を図示すると図(b)のようになる。この伝達要素は，式 (4.21) のように伝達関数が s の1次式で表され，ステップ入力に対して出力は遅れて変化するので**1次遅れ要素**という。また，式 (4.24) において $t =$

T とおくと，$y(T) = 1 - e^{-1} \fallingdotseq 0.632$ となるので，$t = T$ は出力が最終値の 63.2% に達する時刻を表し，これを**時定数**と呼ぶ．時定数が小ということは応答の速さが速いことを意味し，大ということは遅いことを意味する．

〔**2**〕 **1次進み要素**　図 4.4 の並列 RC 回路において，ラプラス領域における回路方程式は

$$I(s) = \left(\frac{1}{R} + sC\right)V(s) = \frac{1}{R}(1 + RCs)V(s) \tag{4.25}$$

で，入力を $V(s)$，出力を $I(s)$ と考えると，伝達関数は

$$G(s) = \frac{I(s)}{V(s)} = \frac{1}{R}(1 + RCs) \tag{4.26}$$

となる．一般的には，1次進み要素の伝達関数は式 (4.27) のようになり，ブロック線図で表すと図 $4.5\,(a)$ となる．

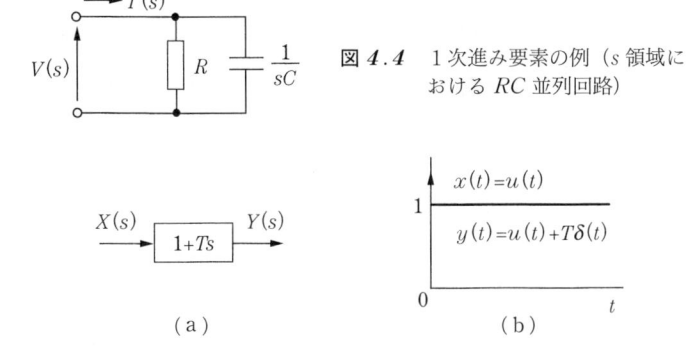

図 4.4　1次進み要素の例（s 領域における RC 並列回路）

(a)　(b)

図 4.5　1次進み要素

$$G(s) = 1 + Ts \tag{4.27}$$

ステップ応答 $Y(s)$ は

$$Y(s) = (1 + Ts)\frac{1}{s} = \frac{1}{s} + T \tag{4.28}$$

ラプラス逆変換すると

$$y(t) = u(t) + T\delta(t) \tag{4.29}$$

となる．入出力関係を図示すると図 (b) のようになる．この伝達要素の伝達関数は 1 次遅れ要素の逆数で，これを **1次進み要素**という．

4.4 2次要素の伝達関数と過渡応答

4.4.1 2次要素の伝達関数

図 4.6 にラプラス領域における RLC 直列回路を示す．同図において，印加電圧 $V_1(s)$ を入力，コンデンサ端子電圧 $V_2(s)$ を出力とすると分圧の関係から

$$V_2(s) = \frac{1/(sC)}{R + sL + 1/(sC)} V_1(s) \tag{4.30}$$

なので，伝達関数は

$$G(s) = \frac{V_2(s)}{V_1(s)} = \frac{1/(sC)}{R + sL + 1/(sC)} = \frac{1/(LC)}{s^2 + (R/L)s + 1/(LC)} \tag{4.31}$$

となる．このように，伝達関数の分母が s の2次式で表される制御要素を**2次要素**あるいは**2次遅れ要素**という．この制御要素の伝達関数の一般式は式 (4.32) で表される．

$$G(s) = \frac{\omega_n{}^2}{s^2 + 2\zeta\omega_n s + \omega_n{}^2} \tag{4.32}$$

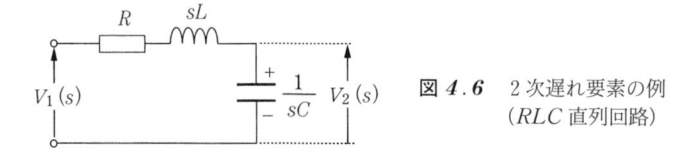

図 4.6　2次遅れ要素の例（RLC 直列回路）

ここで，式 (4.31) と式 (4.32) を比べると

$$\omega_n{}^2 = \frac{1}{LC}, \quad 2\zeta\omega_n = \frac{R}{L}$$

すなわち

$$\omega_n = \sqrt{\frac{1}{LC}}, \quad \zeta = \frac{R}{2}\sqrt{\frac{C}{L}} \tag{4.33}$$

である．ω_n を**固有角周波数**，ζ を**減衰率（減衰係数）**という．ただし，$\omega_n >$

0, $\zeta \geqq 0$ である ($R = 0$ のときには $\zeta = 0$)。ステップ応答を検討すると，その意味が明らかになる。

4.4.2 2次要素のステップ応答

この制御系に単位ステップを印加すると応答 $Y(s)$ は

$$Y(s) = \frac{\omega_n^2}{s^2 + 2\zeta\omega_n s + \omega_n^2} \frac{1}{s} \qquad (4.34)$$

となる。右辺を部分分数分解すれば

$$\frac{\omega_n^2}{s^2 + 2\zeta\omega_n s + \omega_n^2} \frac{1}{s} = \frac{K_1}{s} + \frac{K_2 s + K_3}{s^2 + 2\zeta\omega_n s + \omega_n^2} \qquad (4.35)$$

と表されるはずである。K_1 は

$$K_1 = [sY(s)]_{n=0} = \left[\frac{\omega_n^2}{s^2 + 2\zeta\omega_n s + \omega_n^2}\right]_{s=0} = 1 \qquad (4.36)$$

により求められるから，式 (4.35) は

$$\frac{\omega_n^2}{s^2 + 2\zeta\omega_n s + \omega_n^2} \frac{1}{s} = \frac{1}{s} + \frac{K_2 s + K_3}{s^2 + 2\zeta\omega_n s + \omega_n^2} \qquad (4.37)$$

となる。また，K_2 および K_3 を求めるために式 (4.37) の分母を払うと

$$\omega_n^2 = s^2 + 2\zeta\omega_n s + \omega_n^2 + K_2 s^2 + K_3 s$$

となり，整理すると

$$(1 + K_2)s^2 + (2\zeta\omega_n + K_3)s = 0$$

任意の s に対してこの式が成立するための条件は

$$K_2 = -1, \quad K_3 = -2\zeta\omega_n \qquad (4.38)$$

である。したがって，式 (4.34) は式 (4.39) のように部分分数分解される。

$$Y(s) = \frac{1}{s} - \frac{s + 2\zeta\omega_n}{s^2 + 2\zeta\omega_n s + \omega_n^2} \qquad (4.39)$$

ここで，3章 3.3.4 項で述べたように，式 (4.39) の右辺第 2 項の分母を 0 とおいた式，すなわち**特性方程式**

$$s^2 + 2\zeta\omega_n s + \omega_n^2 = 0 \qquad (4.40)$$

の根（**特性根**）が実根になる場合は出力 $y(t)$ は非振動特性に，複素根になる

場合には振動特性になる。式 (4.40) の判別式は

$$\frac{D}{4} = \zeta^2 \omega_n^2 - \omega_n^2 = (\zeta^2 - 1)\omega_n^2 \qquad (4.41)$$

〔**1**〕 **$D/4 > 0$ すなわち $\zeta > 1$ のとき**　　式 (4.40) の根は実根となり

$$s = -\zeta\omega_n \pm \sqrt{\zeta^2 \omega_n^2 - \omega_n^2} = -\omega_n(\zeta \mp \sqrt{\zeta^2 - 1}) \qquad (4.42)$$

したがって，式 (4.39) の右辺第 2 項の分母は実数で因数分解されて

$$Y(s) = \frac{1}{s} - \frac{s + 2\zeta\omega_n}{\{s + \omega_n(\zeta + \sqrt{\zeta^2 - 1})\}\{s + \omega_n(\zeta - \sqrt{\zeta^2 - 1})\}} \qquad (4.43)$$

となる。部分分数に分解すると

$$Y(s) = \frac{1}{s} - \left\{ \frac{(-\zeta + \sqrt{\zeta^2 - 1})/(2\sqrt{\zeta^2 - 1})}{s + \omega_n(\zeta + \sqrt{\zeta^2 - 1})} + \frac{(\zeta + \sqrt{\zeta^2 - 1})/(2\sqrt{\zeta^2 - 1})}{s + \omega_n(\zeta - \sqrt{\zeta^2 - 1})} \right\} \qquad (4.44)$$

となる。ここで

$$a = \zeta - \sqrt{\zeta^2 - 1}, \quad b = \zeta + \sqrt{\zeta^2 - 1} \qquad (4.45)$$

とおくと

$$Y(s) = \frac{1}{s} - \frac{1}{2\sqrt{\zeta^2 - 1}} \left(\frac{-a}{s + \omega_n b} + \frac{b}{s + \omega_n a} \right) \qquad (4.46)$$

ラプラス逆変換すると

$$y(t) = 1 - \frac{1}{2\sqrt{\zeta^2 - 1}} (-a e^{-b\omega_n t} + b e^{-a\omega_n t}) \qquad (4.47)$$

となる。式 (4.47) からわかるように，この場合には非振動特性になる。

〔**2**〕 **$D/4 < 0$ すなわち $0 < \zeta < 1$ のとき**　　式 (4.40) の根は複素根となり，式 (4.39) の右辺第 2 項の分母は実数で因数分解できない。そこで，完全平方式で表すと

$$Y(s) = \frac{1}{s} - \frac{(s + \zeta\omega_n) + \zeta\omega_n}{(s + \zeta\omega_n)^2 + \omega_n^2 - \zeta^2\omega_n^2}$$

$$= \frac{1}{s} - \frac{(s+\zeta\omega_n) + (\zeta/\sqrt{1-\zeta^2})(\omega_n\sqrt{1-\zeta^2})}{(s+\zeta\omega_n)^2 + (\omega_n\sqrt{1-\zeta^2})^2} \qquad (4.48)$$

となる。3章の減衰要素を含むラプラスの関係式 (3.38) を考慮してラプラス逆変換すると

$$y(t) = 1 - e^{-\zeta\omega_n t}\left\{\cos \omega_n\sqrt{1-\zeta^2}\,t + \frac{\zeta}{\sqrt{1-\zeta^2}} \sin \omega_n\sqrt{1-\zeta^2}\,t\right\}$$

$$= 1 - \frac{1}{\sqrt{1-\zeta^2}} e^{-\zeta\omega_n t} \cos\left\{\omega_n\sqrt{1-\zeta^2}\,t - \operatorname{Tan}^{-1}\left(\frac{\zeta}{\sqrt{1-\zeta^2}}\right)\right\}$$
$$(4.49)$$

となり，この場合には減衰振動特性になる。

〔3〕 **$\zeta = 0$ のとき**　式 (4.49) において $\zeta = 0$ とおくと

$$y(t) = 1 - \cos \omega_n t \qquad (4.50)$$

となり，この場合には持続振動特性になる。

〔4〕 **$D/4 = 0$ すなわち $\zeta = 1$ のとき**　式 (4.40) の根は重根となる。式 (4.49) において，$\zeta \to 1$ とすると

$$y(t) = 1 - e^{-\omega_n t}\lim_{\zeta\to 1}\left\{1 + \frac{1}{\sqrt{1-\zeta^2}} \sin(\omega_n\sqrt{1-\zeta^2})t\right\}$$

$$= 1 - e^{-\omega_n t}\left\{1 + \lim_{x\to 0}\frac{\sin(\omega_n xt)}{x}\right\} \quad (\text{ここに } x = \sqrt{1-\zeta^2})$$

$$= 1 - e^{-\omega_n t}\left\{1 + \lim_{x\to 0}\frac{\dfrac{d}{dx}\sin(\omega_n tx)}{\dfrac{d}{dx}x}\right\}$$

$$= 1 - e^{-\omega_n t}[1 + \lim_{x\to 0}\{\omega_n t \cos(\omega_n tx)\}]$$

$$= 1 - e^{-\omega_n t}(1 + \omega_n t) \qquad (4.51)$$

となり，この場合には減衰振動特性と非振動特性の中間の特性になる。

以上の結果を図示すると**図 4.7**のようになる。図からつぎのようなことがわかる。

$\zeta > 1$ のとき，出力 $y(t)$ は目標値 1 に単調に漸近する。この場合には目標

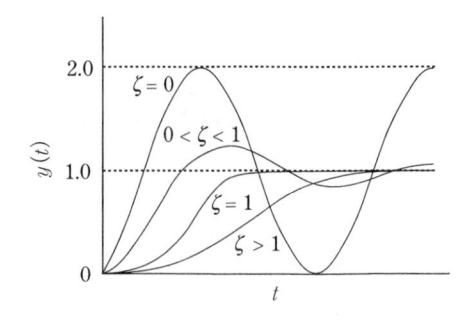

図 4.7 2次遅れ要素のステップ応答波形

値に達するまでに時間がかかり，速応性に欠ける．この状態を**過制動**という．

$0<\zeta<1$ のとき，応答速度は速いが減衰性に欠け，目標値を中心にして振動する**減衰振動**となる．ζ が小さくなるほど減衰性が悪くなり，目標値に落ち着くまで時間がかかる．この状態を**不足制動**という．

$\zeta=1$ のときは非振動で最も速い応答になる．この状態を**臨界制動**という．

$\zeta=0$ になると振動は減衰することなく持続する．この状態を**持続振動**という．

通常の制御系では，$0<\zeta<1$ の範囲内で設計される．

4.4.3 不足制動における特性

図 4.8 に不足制動状態の 2 次系のステップ応答 $y(t)$ の波形の概形を示す．$y(t)$ は式 (4.49) で表され，減衰の度合いを表す包絡線は

包絡線：$1+\dfrac{1}{\sqrt{1-\zeta^2}}e^{-\zeta\omega_n t}$

包絡線：$1-\dfrac{1}{\sqrt{1-\zeta^2}}e^{-\zeta\omega_n t}$

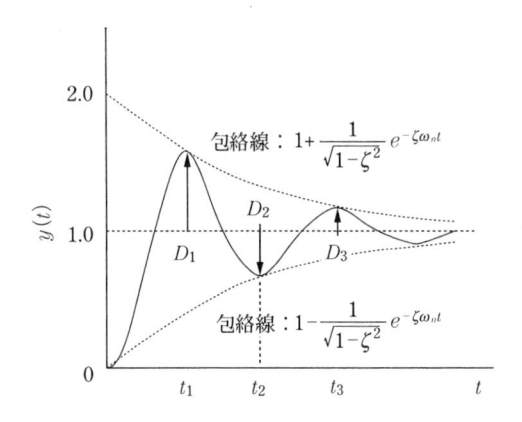

図 4.8 不足制動状態の 2 次系のステップ応答波形 $(0<\zeta<1)$

$$y(t) = 1 \pm \frac{1}{\sqrt{1-\zeta^2}} e^{-\zeta\omega_n t}$$

なので，**2次系の時定数**を $\tau = 1/(\zeta\omega_n)$ と定める．また，減衰振動の振幅 D_k ($k = 1, 2, \cdots$) はつぎのように求められる．

式 (4.49) を微分して 0 とおくことにより，極大・極小を与える時間は

$$t_k = \frac{k\pi}{\sqrt{1-\zeta^2}\,\omega_n} \quad (k = 1, 2, \cdots) \tag{4.52}$$

のように求められ，このときの $y(t)$ の値は

$$y(t_k) = 1 - (-1)^k \exp\left(-\frac{k\pi\zeta}{\sqrt{1-\zeta^2}}\right) \quad (k = 1, 2, \cdots) \tag{4.53}$$

となる．したがって，振幅 D_k は

$$D_k = \exp\left(-\frac{k\pi\zeta}{\sqrt{1-\zeta^2}}\right) \quad (k = 1, 2, \cdots) \tag{4.54}$$

となり，特に最初の値 D_1 を**行き過ぎ量** θ_m という．つまり

$$\theta_m = D_1 = \exp\left(-\frac{\pi\zeta}{\sqrt{1-\zeta^2}}\right) \tag{4.55}$$

である．式 (4.55) からわかるように，θ_m は ζ によって変化し，**図 4.9** のようになる．ζ は振動性応答の減衰特性を決める量であることが減衰率（減衰係数）と呼ばれる由縁である．行き過ぎ量 θ_m を抑えようとすると減衰率 ζ が大となって応答速度が遅くなる．逆に応答速度を速めようとすると行き過ぎ量は増加する．どのような値とするかは設計条件により決めればよい．

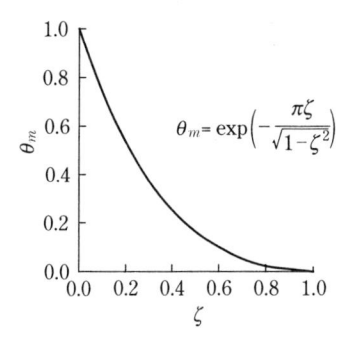

図 4.9 減衰率 ζ と行き過ぎ量 θ_m の関係

4.5 むだ時間要素の伝達関数と過渡応答

これまで本章で扱ってきた制御要素は，入力が加えられるとすぐに出力が現れるものであったが，入力が加えられた時点から時間 τ が経過した後にはじめて出力が現れる要素もある。この経過時間 τ を**むだ時間**といい，むだ時間を含む制御要素を**むだ時間要素**という。

その例として図 **4.10** に示すように，自動車を運転中に障害物を発見してから自動車が停止するまでの一連の動作系があげられる。障害物から運転者に光という形態で信号が入り，脳から神経信号が伝達され，足がブレーキを踏むことでブレーキが作動する。この動作系において，運転者に入る光を入力信号，ブレーキ装置（**アクチュエータ**）に加えられる力を出力信号とみると，入力信号が与えられてから出力信号が発生するまでにむだ時間が生じる。

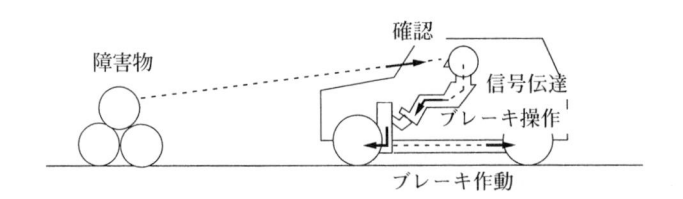

図 **4.10** むだ時間要素の例（ブレーキ作動）

実際の制御系においても，厳密な意味では，つねにむだ時間が存在していると考えてよい。例えば，検出した信号を数値処理して別の信号をつくる場合，その計算時間がむだ時間になる。むだ時間が制御に要する時間に比べて無視できる程度に短いならば問題は起こらないが，無視できないと問題が起こる。特に，フィードバックループのなかにむだ時間要素が存在していると出力が発散してしまうことも起こりうる。この問題点については 6 章で考察する。

むだ時間要素においては，むだ時間を τ とすると，$f(t)$ という入力に対して $f(t-\tau)u(t-\tau)$ という出力が得られる（3 章 3.3.3 項〔2〕を参照）。

出力 $y(t)$ のラプラス変換は

$$Y(s) = e^{-\tau s} F(s) \qquad (4.56)$$

であるから，伝達関数は

$$G(s) = \frac{Y(s)}{F(s)} = e^{-\tau s} \qquad (4.57)$$

となる。

したがって，単位ステップ $u(t)$ に対するステップ応答は

$$y(t) = \mathcal{L}^{-1}\left[G(s)\frac{1}{s}\right] = \mathcal{L}^{-1}\left[e^{-\tau s}\frac{1}{s}\right] = u(t-\tau) \qquad (4.58)$$

となる。

4.6 ステップ応答と制御系のモデル

パラメータがわかっていないシステムの伝達関数を知るには，入力として試験的に単位インパルス関数や単位ステップ関数を与え，出力波形からパラメータを求めればよいが，インパルスをつくることは難しいので通常，ステップ応答が用いられる。

制御系の次数（s の次数）が 1 次であることがわかっている場合には，ステップ応答は図 *4.3* のようになるはずであるから，時定数 T を測定すれば伝達関数が知れる。

次数が 2 次であることがわかっており，かつステップ応答が振動性の場合には，その応答の行き過ぎ量 θ_m と包絡線の時定数 τ から固有角周波数 ω_n と減衰率 ζ を測定することにより伝達関数を知ることができる。すなわち，θ_m を測定すれば，式 (4.55) から得られる

$$\zeta = \frac{\ln \theta_m}{\sqrt{(\ln \theta_m)^2 + \pi^2}} \qquad (4.59)$$

により ζ を，図 *4.8* の包絡線の時定数 $T = 1/(\zeta \omega_n)$ を測定すれば

$$\omega_n = \frac{1}{\zeta T} \qquad (4.60)$$

により ω_n を求めることができる。

図 4.7 における $\zeta = 1$, $\zeta > 1$ の場合のように，ステップ応答が非振動性になるときは 2 次系を 1 次遅れに近似し，時定数を測定することで近似伝達関数を求める。

また，系の次数が高い場合には伝達関数をむだ時間要素と 1 次遅れ要素の縦列接続として近似することができる。例えば，ステップ応答が図 4.11 の実線曲線のようになる場合には，これを破線曲線のように近似する。このとき，破線曲線を表す伝達関数は，むだ時間 τ_0 のむだ時間要素と時定数 T の 1 次遅れ要素の組合せとなるから

$$G(s) = \frac{1}{1+Ts} e^{-\tau_0 s} \qquad (4.61)$$

と近似できる[1]。

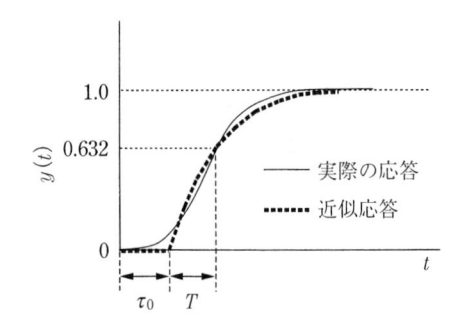

図 4.11　高次系の 1 次系近似

4.7　例　　題

例題 4.1　図 4.12 の制御系において時定数が 0.1 となるような K_1, K_2 の条件を求めよ。

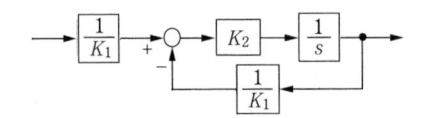

図 4.12　例題 4.1 のブロック線図

【解答】 合成伝達関数を $G(s)$ とすると

$$G(s) = \frac{1}{K_1} \cdot \frac{K_2/s}{1+(K_2/s)(1/K_1)} = \frac{K_2/K_1}{s+K_2/K_1} = \frac{A}{s+A} \quad \left(A = \frac{K_2}{K_1} \text{とした}\right)$$

であるから，ステップ応答は

$$Y(s) = \frac{A}{(s+A)s} = \frac{1}{s} - \frac{1}{s+A}$$

$$y(t) = \mathcal{L}^{-1}[Y(s)] = 1 - e^{-At}$$

したがって，時定数 $\tau = 1/A = K_1/K_2 = 0.1$ となるためには $K_2/K_1 = 10$ であればよい。　　◇

例題 4.2 伝達関数 $G(s)$ が

$$G(s) = \frac{1+T_2 s}{1+T_1 s} \quad (\text{ただし，} T_1 > T_2 \text{とする})$$

で表されるシステムの単位ステップ応答を求め，グラフの概形を描け。

【解答】 ラプラス変換における応答 $Y(s)$ は

$$Y(s) = \frac{1+T_2 s}{s(1+T_1 s)} = \frac{1}{s} + \left(\frac{T_2}{T_1} - 1\right)\frac{1}{s+1/T_1}$$

であるから，時間応答 $y(t)$ は

$$y(t) = 1 + \left(\frac{T_2}{T_1} - 1\right) e^{-\frac{1}{T_1}t}$$

となる。この式から，$y(0) = T_2/T_1$，$y(\infty) = 1$ なので $y(t)$ の波形概形は図 **4.13** のようになる。　　◇

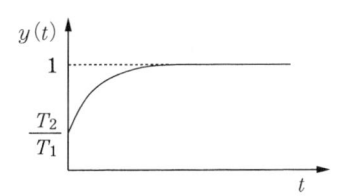

図 4.13 例題 4.2 の解

例題 4.3 図 **4.14** に示す制御系において，以下の問いに答えよ。

(1) ステップ応答を振動性にするための K の値の範囲を定めよ。

4. 制御系の過渡応答特性

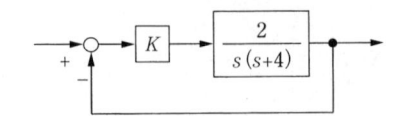

図4.14 例題4.3のブロック線図

(2) $K=10$ のときのステップ応答を求め，グラフの概形を描け．また，このときの行き過ぎ量 θ_m を求めよ．

【解答】
（1） 合成伝達関数は

$$G(s) = \frac{\dfrac{2K}{s(s+4)}}{1+\dfrac{2K}{s(s+4)}} = \frac{2K}{s^2+4s+2K}$$

であるから，ラプラス変換におけるステップ応答は

$$Y(s) = \frac{2K}{s(s^2+4s+2K)} = \frac{1}{s} - \frac{s+4}{s^2+4s+2K}$$

ここで，応答が振動性になるか否かは右辺第2項に依存し，その分母の判別式が負になれば振動性になるから

$$2^2 - 2K < 0$$

になればよい．したがって，$K>2$ ならばよい．

（2） $K=10$ のとき

$$Y(s) = \frac{1}{s} - \frac{s+4}{s^2+4s+20} = \frac{1}{s} - \frac{(s+2)+(1/2)\times 4}{(s+2)^2+4^2}$$

$$y(t) = 1 - e^{-2t}\left(\cos 4t + \frac{1}{2}\sin 4t\right)$$

応答のグラフは図4.15のようになる．

$y(t)$ のピーク値 y_m を求めるために $dy/dt=0$ とおいて，その時刻を求めると

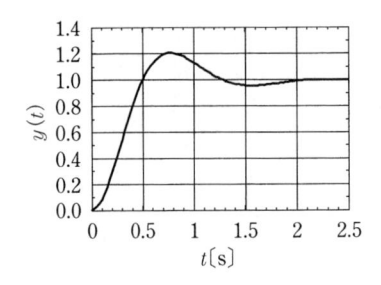

図4.15 例題4.3の(2)の解

$$t_m = \frac{\pi}{4}$$

となるから，ピーク値は

$$y_m = 1 + e^{-\frac{\pi}{2}}$$

したがって，行き過ぎ量 θ_m は

$$\theta_m = e^{-\frac{\pi}{2}} = 0.208$$

【別解】 $K = 10$ のときの伝達関数は

$$G(s) = \frac{20}{s^2 + 4s + 20}$$

である。この系のステップ応答と行き過ぎ量 θ_m を MATLAB を用いて求めてみよう。Command Window から1行ずつコマンドを入力して行ってもよいが，長くなるので M-File Editor を用いて解いてみよう。Command Window で 'edit' と入力すると M-File Editor が開く。そのエディター上で

  num = 20 ;   （伝達関数の分子：定数）
  den = [1 4 20] ;   （伝達関数の分母：s^2 の係数，s の係数，定数）
  printsys(num, den) （伝達関数の表示）
  step(num, den, 2.5) （0〜2.5 秒におけるステップ応答の表示）
  [y, x] = step(num, den, 2.5);
          （時間値 x に対するステップ応答 y の計算値）
  [yp, k] = max(y)   （y の最大値とそのときの計算きざみ値）
  grid on   （グラフにグリッド線を入れる）

というプログラムをつくる。これをクリップボードにコピーし，Command Window のプロンプト '≫' の後にペーストする。その後 Enter キーを押せばプログラムが実行されて

  num/den=
    20
  ----
   s^2+4s+20
  yp =
   1.2077
  k=
   32

と表示され，結果がグラフ化される。すなわち，行き過ぎ量 θ_m は 0.208 であり，ステップ応答は図 **4.16** のようになる。   ◇

68　　4. 制御系の過渡応答特性

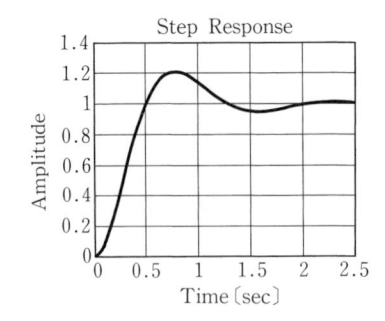

図 4.16　MATLAB による例題 4.3 の(2)の解

|Simulink の使用方法|

Simulink を用いた解析を以下に示そう。

はじめに，MATLAB スタート画面の上部メニューバーにある Simulink 起動ボタン（Simulink がインストールされていれば表示される）を押して Simulink Library Browser を開く。この Simulink Library Browser には，ブロック線図を構成していくためのパーツが納められている。「　Simulink」の下の「Continuous」をクリックすると，その右側に"連続時間系で使用するパーツ"と表示される。そのパーツの中の「Integrator」というブロックをクリックすると，上部にその説明（積分器）が表示される。

では，エディター画面（モデル作成ウィンドウ）に図 4.14 に示したブロック線図（ただし，ここでは $K=10$）を描いてみよう。Simulink Library Browser のメニューバーの「File」→「新規作成」→「モデル」とクリック（または　をクリック）すると，新規のモデル作成ウィンドウが表示される。以下の順でブロック線図を描いていく。

① ゲイン $K(=10)$ を描くために，パーツの中の「Math」をクリックした後，「Gain」というブロックをモデル作成ウィンドウへドラッグする。

② 作成した「Gain」をダブルクリックし，ゲインに"10"を入力して OK を押す。

③ 同様に，加え合わせ点「Sum」をモデル作成ウィンドウ上の「Gain」の左側へドラッグする。

④ 作成した「　」をダブルクリックし，"｜＋－"と入力して OK を押す。

4.7 例題　69

このようにして，加え合わせ点をマイナスの加算点「⊕」とする。

⑤ 伝達要素を描くために，パーツの中の「Continuous」をクリックした後，「$\frac{1}{s+1}$ Transfer Fcn」をモデル作成ウィンドウ上の「Gain」の右側へドラッグする。

⑥ 伝達要素の分子は2，分母は$s(s+4)=s^2+4s$（s^2の係数は1，sの係数は4，定数項は0）なので，作成した「$\frac{1}{s+1}$ Transfer Fcn 1」をダブルクリックし，分子係数に"[2]"を，分母係数に"[1 4 0]"（[ ]はスペース）を入力して OK を押す。その結果，伝達関数は「$\frac{2}{s^2+4s}$ Transfer Fcn」と表示される。

⑦ 信号波形表示を行うために，パーツの中の「Sinks」をクリックした後，「Scope」をモデル作成ウィンドウ上の「$\frac{2}{s^2+4s}$ Transfer Fcn」の右側へドラッグする。

⑧ ステップ信号を入力するために，パーツの中の「Source」をクリックした後，「Step」を「⊕」の左側へドラッグする。

⑨ ここでは単位ステップ応答（ただし，入力時間遅れなし）を求めたいので，「Step」をダブルクリックしてから，ステップ時間を"0"，初期値を"0"，最終値を"1"と入力して OK を押す。

⑩ それぞれのパーツを信号線で結ぶと，図 **4.17** のように，この例題のモデルを表すブロック線図ができあがる。

　なお，パーツの書式を変えたい場合（方向反転や回転など）には，パーツを右クリックしてサブメニューを開き，「書式」を選べばよい。

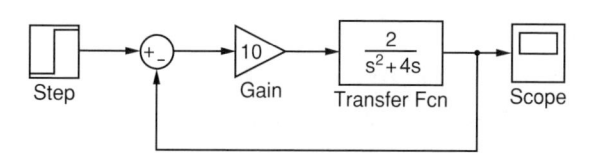

図 **4.17**　例題 4.3 のブロック線図

⑪ モデル作成ウィンドウ上部のメニューバーにあるシミュレーションの開始ボタン「▶」を押せば（あるいは「シミュレーション」→「開始」とクリックすれば）シミュレーションが実行され，「Scope」をダブルクリックすれば，出力波形が表示される。

⑫ 図 **4.16** と対比させるために，シミュレーション時間を 0〜2.5〔sec〕にしたい場合には，「シミュレーション」→「シミュレーションパラメータ」とクリックし，シミュレーション「終了時間」を "2.5" とすればよい。

⑬ また縦時軸の最大値を 1.4 に合わせたい場合には，Scope 画面の波形領域にて右クリックして「座標軸プロパティ」を選び，最大値を "1.4" とすればよい。

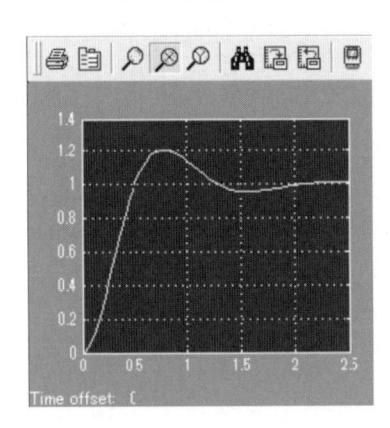

⑭ その後，Scope 画面上部の「オートスケールボタン 🔍 」を押せば，図 **4.18** のように，出力波形が表示される。　　　　　　　　　　　◇

図 **4.18** Simulink による例題 4.3 の(2)の解

例題 4.4 伝達関数が

$$G(s) = \frac{6}{(s+2)(s+3)}$$

で表される 2 次要素がある。

（1） $G(s)$ の単位ステップ応答を求め，結果を図示せよ。

（2） $G(s)$ を用いて図 **4.19** のような制御系を作成した。この系のステップ応答が振動性になるための K の範囲を求めよ。

4.7 例題　　　71

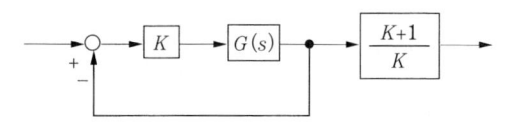

図 4.19　例題 4.4 のブロック線図

（3）　$K=1$ のときの単位ステップ応答を求め，(1)で描いたグラフに重ねて描け．また，このときの行き過ぎ量はいくらか．

【解答】

（1）　ラプラス変換でのステップ応答は

$$Y(s) = \frac{6}{s(s+2)(s+3)} = \frac{1}{s} - \frac{3}{s+2} + \frac{2}{s+3}$$

であり，時間領域に逆変換すると

$$y(t) = 1 - 3e^{-2t} + 2e^{-3t}$$

となる．グラフを図示すると図 4.20 のようになる．

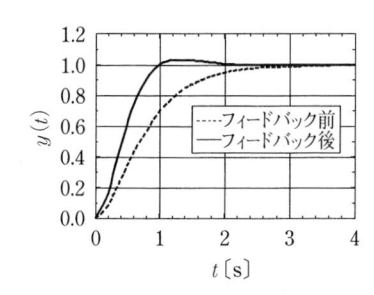

図 4.20　例題 4.4 の (1) の解

（2）　図 4.19 のようなフィードバックを施すと合成伝達関数は

$$G_0(s) = \frac{\dfrac{6K}{(s+2)(s+3)}}{1 + \dfrac{6K}{(s+2)(s+3)}} \frac{K+1}{K} = \frac{6(K+1)}{s^2 + 5s + 6(K+1)}$$

であり，ラプラス変換でのステップ応答は

$$Y(s) = \frac{6(K+1)}{s\{s^2 + 5s + 6(K+1)\}} = \frac{1}{s} - \frac{s+5}{s^2 + 5s + 6(K+1)}$$

となる．ここで，右辺第 2 項の分母の判別式が $25 - 24(K+1) < 0$ のとき，すなわち，$K > 1/24$ のときに応答は振動性になる．

（3）　$K=1$ のとき，出力はつぎのようになる．

$$Y(s) = \frac{1}{s} - \frac{s+5}{s^2+5s+12} = \frac{1}{s} - \frac{(s+5/2) + (5/\sqrt{23})(\sqrt{23}/2)}{(s+5/2)^2 + (\sqrt{23}/2)^2}$$

$$y(t) = 1 - e^{-\frac{5}{2}t}\left(\cos\frac{\sqrt{23}}{2}t + \frac{5}{\sqrt{23}}\sin\frac{\sqrt{23}}{2}t\right)$$

この応答のグラフを(1)で描いた図 **4.20** に重ねて示す。
また，$y(t)$ のピーク値を与えるときの時刻 t_m は

$$t_m = \frac{2}{\sqrt{23}}\pi \, [\text{s}]$$

であるから，行き過ぎ量 θ_m は

$$\theta_m = \exp\left(-\frac{5}{2}t_m\right) = \exp\left(-\frac{5}{2}\frac{2}{\sqrt{23}}\pi\right) = 0.037\,8 = 3.78\,[\%]$$

【別解】 MATLAB を用いると以下のようになる。

M-File Editor によりつぎのようなプログラムをつくる。1～4 行目がフィードバックをかける前のステップ応答を，7～12 行目がフィードバックをかけた後のステップ応答を求めるためのプログラムである。6 行目の 'hold on' コマンドは複数のグラフを同じ座標上に書くために，前に描いたグラフを消さないようにするものである。

num = 6;	（伝達関数の分子：定数）
den = conv([1 2], [1 3]);	（伝達関数の分母：$(s+2)$ と $(s+3)$ の掛け算）
printsys(num, den)	（伝達関数の表示）
step(num, den, 4)	（0～4 秒におけるステップ応答の表示）
grid on	（グラフにグリッド線を入れる）
hold on	（以降の波形をを同じグラフに書く）
num = 12;	（伝達関数の分子：定数）
den = [1 5 12];	（伝達関数の分母：s^2 の係数，s の係数，定数）
printsys(num, den)	（伝達関数の表示）
step(num, den, 4)	（0～4 秒におけるステップ応答の表示）
[y, x] = step(num, den, 4);	（時間値 x に対するステップ応答 y の計算値）
[yp, k] = max(y)	（y の最大値とそのときの計算きざみ値）

これを実行すると

```
num/den=
          6
      ---------------
      s^2+5s+6
num/den=
```

```
      12
----------------
   s^2+5s+12
yp=
   1.0378
k=
   34
```

と表示され，フィードバックをかける前と後のステップ応答は**図 4.21** のようになる。すなわち，フィードバックをかける応答性が向上し，$K = 1$ のときには，行き過ぎ量は 3.78 ％ となる。　　　　　　　　　　　　　　　　　　　　　　　◇

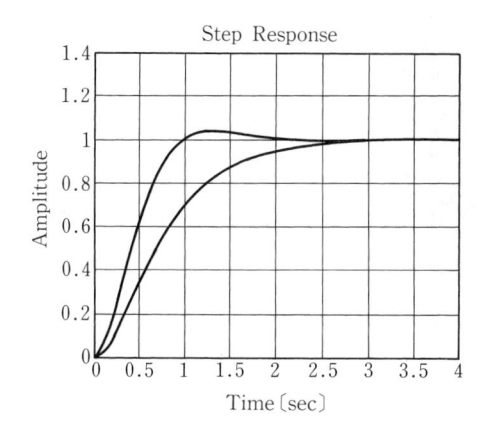

図 4.21　MATLAB による例題 4.4 の (1), (3) の解

また，Simulink を利用してモデルのブロック線図を描くと**図 4.22** のようになる。上側が (1)（フィードバックを施す前），下側が (3)（$K = 1$ でフィードバックを施した後）のブロックを表している。

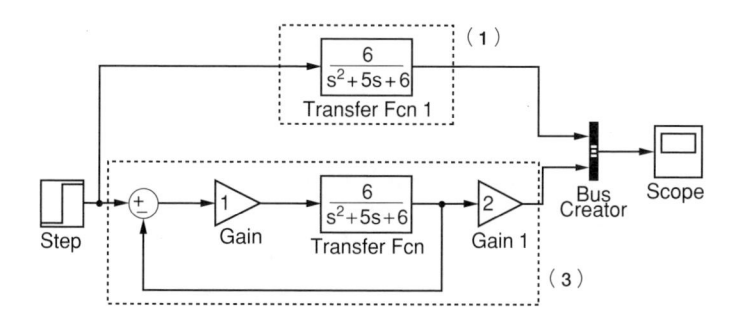

図 4.22　例題 4.4 のブロック線図

この線図において，「⊳」は「Signal Routing」というパーツの中にある「Bus Creator」で，二つの入力からバス信号を生成するブロックである。ここでは，同じ画面に(1)と(3)の出力を重ねて表示させるために用いている。シミュレーションを実行すると出力波形は図 4.23 のようになる。　　　　　　　　◇

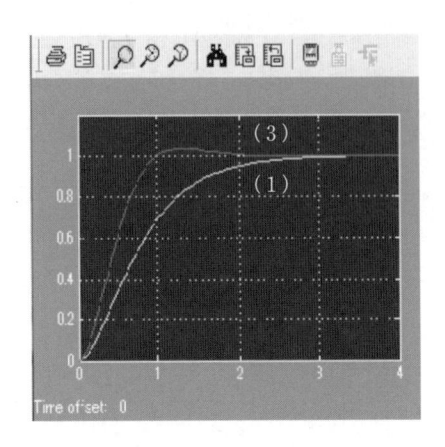

図 4.23　Simulink による例題 4.4 の(1)，(3)の解

例題 4.5　伝達関数が

$$G(s) = \frac{10}{s^4 + 10s^3 + 30s^2 + 30s + 10}$$

で与えられる制御系がある。

（1）　ステップ応答を求めよ。

（2）　その結果をもとにして，$G(s)$ をむだ時間要素を含む 1 次系に近似せよ。

（3）　近似した 1 次系のステップ応答波形を求め，(1)の結果と比較せよ。

【解答】　$G(s)$ は 4 次系で，ステップ応答を解析的に求めることは困難であるが，MATLAB を用いると簡単に求めることができる。

(1) つぎのようなプログラムを実行する。
```
num=10;
den=[1 10 30 30 10];
step(num,den,12)
grid on
```
その結果は図 **4.24** のようになる。

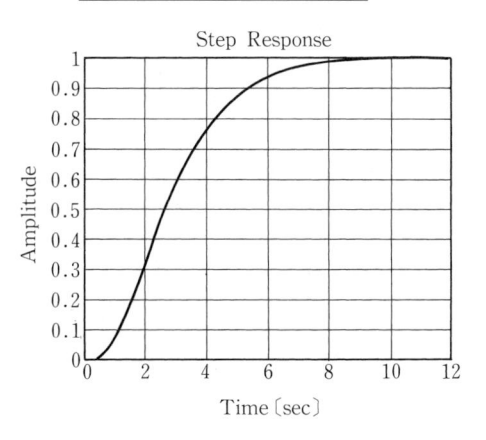

図 **4.24** 例題 4.5 の(1)の解

(2) (1)の結果から，$G(s)$ はむだ時間 1.3 秒と時定数 1.8 秒の 1 次遅れ系の組合せとみなすことができる。したがって，この応答波形を表す式は
$$y(t) = \{1 - e^{-0.556\,(t-1.3)}\}\,u(t-1.3)$$
となる。これをラプラス変換すると
$$Y(s) = e^{-1.3s}\left(\frac{1}{s} - \frac{1}{s+0.556}\right) = e^{-1.3s}\frac{0.556}{s\,(s+0.556)}$$
すなわち，近似伝達関数 $G_a(s)$ は
$$G_a(s) = sY(s) = e^{-1.3s}\frac{0.556}{s+0.556}$$

(3) $G(s)$ と $G_a(s)$ のステップ応答は，つぎのプログラムを実行することで同時に求められる。
```
num=10;
den=[1 10 30 30 10];
step(num,den,12)
grid on
hold on
h=tf(0.556,[1 0.556],'td',1.3)    (むだ時間 td = 1.3 を含む伝達
                                   関数 0.556/(s + 0.556) の定義)
step(h,'bo')                      (青色の○印でプロット)
```
その結果を図 **4.25** に示す。図において○印が近似した伝達関数 $G_a(s)$ ステップ応答である。 ◇

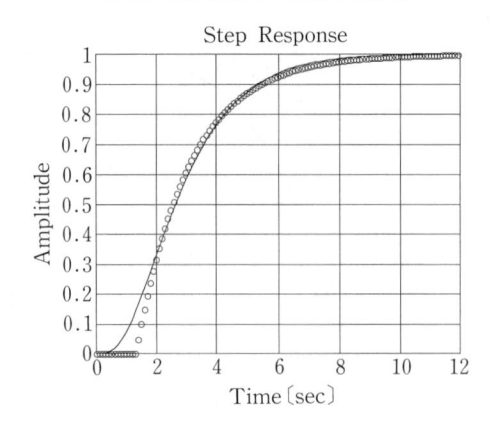

図 4.25 例題 4.5 の (3) の解

　Simulink を利用してモデルのブロック線図を描くと図 **4.26** のようになる。上側が(1)（元々の制御要素），下側が(2)（むだ時間要素と1次系に近似した制御要素）のブロックを表している。

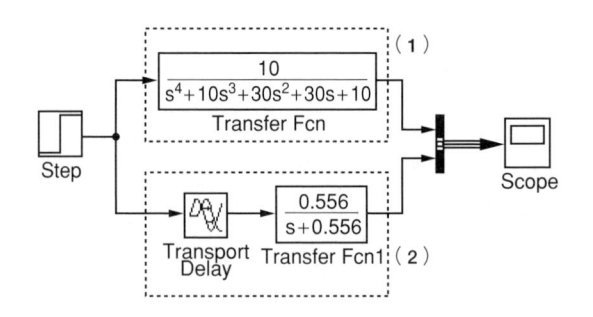

図 **4.26** 例題 4.5 のブロック線図

　この線図において，「Transport Delay」は「Continuous」の中にある「Transport Delay」で，指定された時間遅れ（むだ時間）を与える「むだ時間要素」である。むだ時間を設定するには，「Transport Delay」をダブルクリックして時間遅れの値を入力する。ここでは，むだ時間は 1.3〔sec〕である。シミュレーションを実行すると，出力波形は図 **4.27** のようになる。　　　　　　　　　　　　　　　　　　　　　　　◇

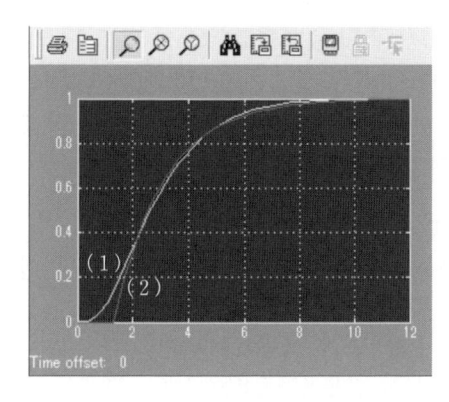

図 **4.27** Simulink による例題 4.5 の(3)の解

演 習 問 題

【1】 問図 **4.1** に示す制御系の時定数を 0.1 秒にしたい。ゲイン K をどのように選べばよいか。

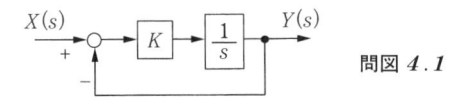

問図 **4.1**

【2】 以下の問いに答えよ。
 (1) 問図 **4.2**(a)に示す制御系においてステップ応答と時定数を求めよ。

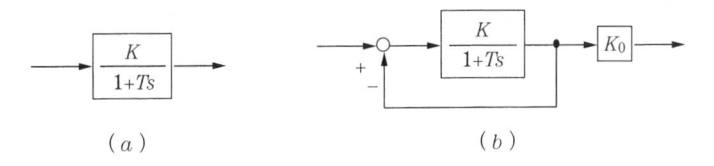

(a) (b)

問図 **4.2**

 (2) 図(b)に示す制御系においてステップ応答と時定数を求めよ。この時定数は図(a)より小さくなるか，大きくなるか。
 (3) 図(a)，(b)それぞれの制御系のステップ応答の最終値が等しくなるようにゲイン K_0 を定めよ。

【3】 問図 4.3 の制御系について,以下の問いに答えよ。
(1) ステップ応答が振動性になるためのゲイン K の条件を求めよ。

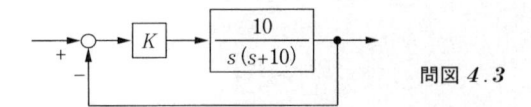

問図 4.3

(2) ステップ応答を表す式を求め,行き過ぎ量 θ_m を 10 % にするための K の値を定めよ。また,そのときのステップ応答波形を描け。

【4】 伝達関数が $G(s) = 1/(s+1)$ で表される 1 次遅れ要素がある。
(1) $G(s)$ のステップ応答を求め,結果を図示せよ。
(2) $G(s)$ にフィードバックを施して問図 4.4 のような制御系を作成した。この系のステップ応答が振動性になるための K の範囲を求めよ。

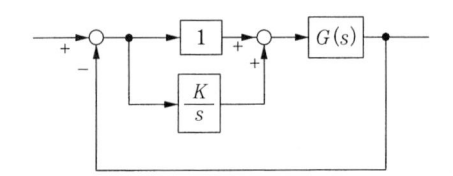

問図 4.4

(3) $K = 3$ のとき,この系のステップ応答を求め,(1) で描いたグラフに重ねて描け。また,このときの行き過ぎ量はいくらか。

【5】 ステップ応答が問図 4.5 のようになる制御系がある。この系の伝達関数を 1 次遅れ要素とむだ時間要素の組合せで表せ。

(参考) この系の正確な伝達関数は $G(s) = 1/(s^4 + 4s^3 + 6s^2 + 4s + 1)$ である。

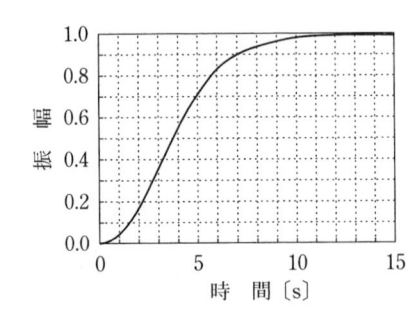

問図 4.5

5

周 波 数 応 答

　これまで扱ってきた伝達関数 $G(s)$ はラプラス変換領域で成立する。これによれば，任意の時間入力 $x(t)$ に対して，出力のラプラス変換 $Y(s)$ がただちに得られ，これをラプラス逆変換すれば時間応答 $y(t)$ を求めることができた。この線形制御系において，入力 $x(t)$ が正弦的に変化する場合には，入力が印加された直後の過渡期間を除けば，出力 $y(t)$ も定常的に正弦波となる。正弦波入力の周波数を変化させると正弦波出力の大きさと位相が変化する。ここでは，周波数領域における入出力関係を表す伝達関数すなわち**周波数伝達関数**について考察する。

5.1 周波数伝達関数

　図 **5.1** に示すように，線形制御系に
$$x(t) = A_1 \sin \omega t \tag{5.1}$$
という正弦波入力を加えると，出力は定常的に
$$y(t) = A_2 \sin(\omega t + \phi) \tag{5.2}$$

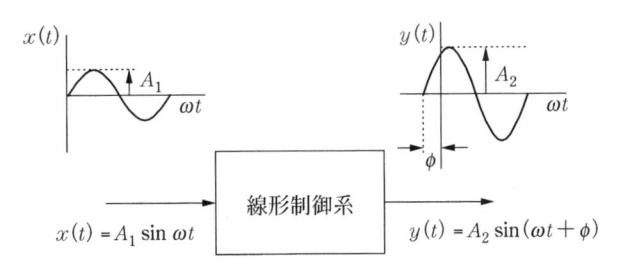

図 **5.1**　正弦波応答

のようになる。ここで，出力の大きさ A_2 と位相角 ϕ は角周波数 ω と系のパラメータによって決まる。

さて，式 (5.1) は横軸に電気角度 ωt [rad] を，縦軸に $x(t)$ の値をとった正弦波信号の瞬時値表示だが，**図 5.2** のように，大きさが A_1 の動径が角速度 ω で回転するときの縦方向の投影の大きさで表示することもできる。この動径の位置を式で表せば

$$X(j\omega t) = A_1 e^{j\omega t} \qquad (5.3)$$

となり，$X(j\omega t)$ の虚数部が $x(t)$ を表すことになる。同様に，出力も

$$Y(j\omega t) = A_2 e^{j(\omega t + \phi)} \qquad (5.4)$$

として表すことができる。

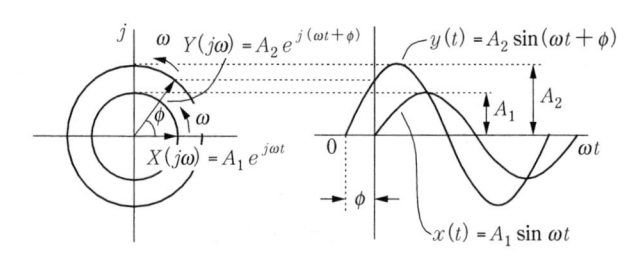

図 5.2 正弦波信号の複素ベクトル（フェーザ）表示

式 (5.3)，(5.4) は複素平面上を回転しているベクトルとして考えることができる。ここで注意すべきことは，$X(j\omega t)$ と $Y(j\omega t)$ は同じ角速度 ω で回転するので両者の相対的な位置関係は時間には依存せず，一定になるということである。つまり，読者諸君が回転するベクトル $X(j\omega t)$ の上に乗って $Y(j\omega t)$ を観測すると $Y(j\omega t)$ は静止していることになり，$X(j\omega t)$ 上に実軸をとった複素平面を考えれば，入力 X と出力 Y は角周波数 ω によって決まる定ベクトル $X(j\omega)$，$Y(j\omega)$ として扱うことができ，**図 5.3** のような静止ベクトルとなる。このような表示法を**複素ベクトル表示**という（正弦波交流回路理論で $\dot{X}$，$\dot{Y}$ と表記される）。数式上は式 (5.5) と式 (5.6) のようになり，式 (5.3) と式 (5.4) において $t = 0$ とおいた形となる。

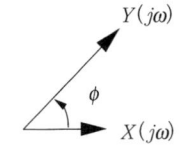

図 5.3 正弦波入出力信号の静止ベクトル表示

$$X(j\omega) = A_1 = A_1 \angle 0 \tag{5.5}$$

$$Y(j\omega) = A_2\, e^{j\phi} = A_2 \angle \phi \tag{5.6}$$

式 (5.5) と式 (5.6) で表された入力と出力の比をとると

$$G(j\omega) = \frac{Y(j\omega)}{X(j\omega)} = \frac{A_2}{A_1} e^{j\phi} = \frac{A_2}{A_1} \angle \phi \tag{5.7}$$

となり，$G(j\omega)$ は時間 t を含まず角周波数 ω の関数となる。これを**周波数伝達関数**と呼ぶ。式 (5.7) は**極座標形式**による表示で，$|G(j\omega)| = A_2/A_1$ を**ゲイン**，ϕ を**位相**といい，両方とも ω の関数となる。さらに，**オイラーの式**を用いると式 (5.7) は式 (5.8) のように**直交座標形式**で表せる。

$$G(j\omega) = \frac{A_2}{A_1} \cos\phi + j\frac{A_2}{A_1} \sin\phi \tag{5.8}$$

また，$G(j\omega)$ が

$$G(j\omega) = A(\omega) + jB(\omega) \tag{5.9}$$

のように直交座標形式で与えられている場合には，ゲイン，位相は

$$|G(j\omega)| = \sqrt{A(\omega)^2 + B(\omega)^2} \tag{5.10}$$

$$\phi(\omega) = \angle G(j\omega) = \mathrm{Tan}^{-1} \frac{B(\omega)}{A(\omega)} \tag{5.11}$$

のようになる。

周波数伝達関数の一例として，正弦波交流における RL 直列回路のアドミタンスがあげられる。回路方程式は

$$Ri(t) + L\frac{di(t)}{dt} = v(t) \tag{5.12}$$

となる。ここで，入力に相当する電圧は正弦波 $v(t) = V_m \sin \omega t$ [V] だから出力に相当する定常電流も正弦波 $i(t) = I_m \sin(\omega t + \phi)$ [A] として表される。このとき式 (5.12) における微分項は

$$\frac{di(t)}{dt} = \omega I_m \cos(\omega t + \phi) = \omega I_m \sin\left(\omega t + \phi + \frac{\pi}{2}\right) \quad (5.13)$$

となり，大きさは $i(t)$ の ω 倍で位相角は進み $\pi/2$ となる．式 (5.12) を複素ベクトル表示するためには $v(t) \to V(j\omega)$，$i(t) \to I(j\omega)$ と置き換え，また微分項は $di(t)/dt \to j\omega I(j\omega)$ とすればよい．その結果，式 (5.12) は式 (5.14) のように変換される．

$$R\,I(j\omega) + j\omega L\,I(j\omega) = V(j\omega) \quad (5.14)$$

式 (5.14) から，入力と出力の比は式 (5.15) のようになる．

$$G(j\omega) = \frac{I(j\omega)}{V(j\omega)} = \frac{1}{R + j\omega L} \quad (5.15)$$

すなわち，この場合にはアドミタンスが周波数伝達関数である．ラプラス領域における伝達関数は

$$G(s) = \frac{1}{R + sL} \quad (5.16)$$

なので，「ラプラス変換領域の伝達関数において $s \to j\omega$ と置き換えれば周波数伝達関数が得られる」ことがわかる．

5.2 周波数伝達関数の表現法と周波数応答

"ゲイン $|G|$ と位相 ϕ" あるいは "実部 $A(\omega)$ と虚部 $B(\omega)$" で表される周波数伝達関数 $G(j\omega)$ は，角周波数 ω によって変化する．その変化の様子，すなわち**周波数応答**を表す方法としてつぎの2通りの方法がある．

その一つは，ω を横軸に，$|G|$ と ϕ を縦軸に別々にとってグラフ化する方法で，これは周波数伝達関数の**周波数特性**を表す．ただし，ω のとりうる範囲は広いので通常，横軸は対数で目盛られ，ゲインも対数を用いて**デシベル表示**される．これを**デシベルゲイン**といい，この表現図を**ボード線図**という．伝達要素が縦続接続されている場合には合成伝達関数は，それぞれの積になるから，デシベル表示によれば，全体のゲインはボード線図上で和をとればよいこ

となり，非常に便利である．詳しくは 5.3 節で述べる．

もう一つの方法は，ω の変化に応じて $A(\omega) + jB(\omega)$ すなわち $|G| \angle \phi$ が複素平面上をどのように動いていくかをグラフ化する方法で，これを**ナイキスト線図**と呼ぶ．

前者は ω との関係を理解しやすい反面，二つのグラフが必要であり，後者は $A(\omega) + jB(\omega)$ あるいは $|G| \angle \phi$ を同時に表すことができるが，ω との関係を理解しにくい．それぞれには得失があり，目的に応じて使い分けている．それぞれの利用法については安定判別についての節で解説する．ここでは，その二つの表現法について，式 (5.15) の周波数伝達関数を例にして説明する．

〔**1**〕 **周波数特性** 式 (5.15) からゲインと位相を求めると

$$|G(j\omega)| = \frac{1}{\sqrt{R^2 + (\omega L)^2}} \tag{5.17}$$

$$\phi = -\operatorname{Tan}^{-1} \frac{\omega L}{R} \tag{5.18}$$

のようになる．ω に対するゲイン $|G(j\omega)|$ と位相 ϕ の周波数特性を図示すると**図 5.4** のようになる．

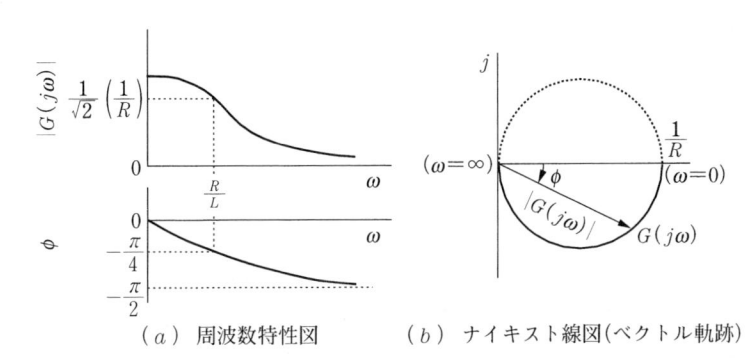

(a) 周波数特性図 　　(b) ナイキスト線図（ベクトル軌跡）

図 5.4 周波数伝達関数の表示法（周波数応答）

〔**2**〕 **ナイキスト線図** 　$G(j\omega)$ の実部を x，虚部を y とおくと

$$\frac{1}{R + j\omega L} = x + jy \tag{5.19}$$

分母を払って整理すると

$$(Rx - \omega Ly) + j(Ry + \omega Lx) = 1 \tag{5.20}$$

両辺の実部および虚部は等しいから

$$Rx - \omega Ly = 1, \quad Ry + \omega Lx = 0$$

両式から ωL を消去して整理すると

$$\left(x - \frac{1}{2R}\right)^2 + y^2 = \left(\frac{1}{2R}\right)^2 \tag{5.21}$$

となる。すなわち，ω の変化に応じて，複素ベクトル $G(j\omega)$ は複素平面上を移動し，その軌跡は同図 (b) のように円になる。ただし，式 (5.18) から明らかなように軌跡の範囲は $y \leqq 0$ である。

5.3 比例要素，微分要素，積分要素の周波数伝達関数と周波数応答

〔**1**〕 **比例要素** 周波数伝達関数は 4 章の式 (4.19) と同様に

$$G(j\omega) = K_0 = K_0 \angle 0 \tag{5.22}$$

であるから，ゲイン $|G(j\omega)|$ と位相 ϕ は

$$|G(j\omega)| = K_0 \tag{5.23}$$

$$\phi = 0 \tag{5.24}$$

となり，周波数には無関係である。式 (5.23) の対数をとって 20 倍してデシベル表示すると

$$g_{\mathrm{dB}} = 20 \log |G(j\omega)| = 20 \log K_0 \tag{5.25}$$

で一定となる。このようにデシベル表示したゲイン g_{dB} を**デシベルゲイン**といい，単位は dB である。これを対数目盛で図示すると，ω に対する g_{dB} と ϕ の関係は図 **5**.**5** (a) のようになる。

また，式 (5.22) における $G(j\omega)$ のナイキスト線図を複素平面上に表すと図 (b) のようになる。

〔**2**〕 **微分要素** ラプラス領域での伝達関数

$$G(s) = s \tag{5.26}$$

5.3 比例要素,微分要素,積分要素の周波数伝達関数と周波数応答

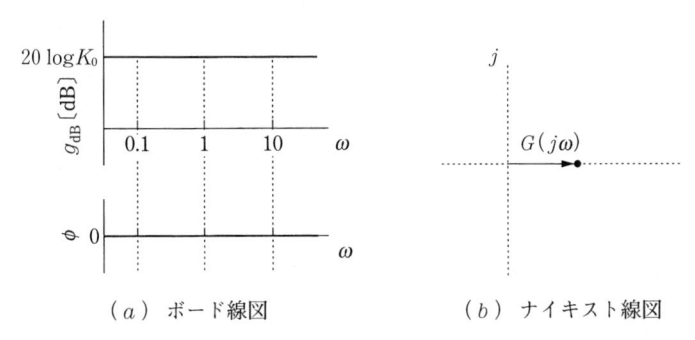

(a) ボード線図 　　　(b) ナイキスト線図

図 **5.5** 比例要素の周波数応答

において $s \to j\omega$ と置き換えれば周波数伝達関数

$$G(j\omega) = j\omega = \omega \angle \frac{\pi}{2} \tag{5.27}$$

が得られ,ゲイン $|G(j\omega)|$ と位相 ϕ は

$$|G(j\omega)| = \omega \tag{5.28}$$

$$\phi = \frac{\pi}{2} \tag{5.29}$$

である。式 (5.28) から,デシベルゲインは式 (5.30) のようになる。

$$g_{\mathrm{dB}} = 20 \log \omega \tag{5.30}$$

横軸を $\log \omega$ に,縦軸に g_{dB} をとるとゲインのボード線図は図 **5.6**(a) のよ

(a) ボード線図 　　　(b) ナイキスト線図

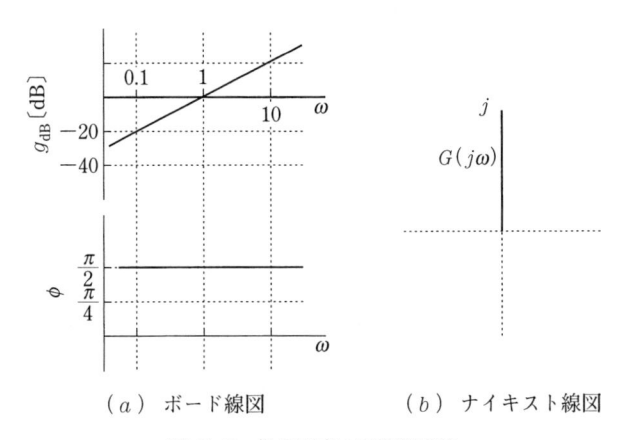

図 **5.6** 微分要素の周波数応答

うに傾きが正の直線となる。ω が 10 倍増加するごとに g_{dB} は 20 dB 増加するので，このグラフの傾き，すなわち g_{dB} の変化の割合は 20dB/dec であるという。ここで dec は decade（10 個一組）の略である。

また，式 (5.26) における $G(j\omega)$ のナイキスト線図を複素平面上に表すと図(b)のようになる。

〔**3**〕 **積分要素**　　ラプラス領域での伝達関数

$$G(s) = \frac{1}{s} \tag{5.31}$$

において $s \to j\omega$ と置き換えれば，周波数伝達関数

$$G(j\omega) = \frac{1}{j\omega} = \frac{1}{\omega} \angle -\frac{\pi}{2} \tag{5.32}$$

が得られ，ゲイン $|G(j\omega)|$ と位相 ϕ は

$$|G(j\omega)| = \frac{1}{\omega} \tag{5.33}$$

$$\phi = -\frac{\pi}{2} \tag{5.34}$$

である。式 (5.33) から，デシベルゲインは式 (5.35) のようになる。

$$g_{dB} = 20 \log \left(\frac{1}{\omega}\right) = -20 \log \omega \tag{5.35}$$

横軸を $\log \omega$ に，縦軸に g_{dB} をとるとゲインのボード線図は**図 5.7**(a)のよ

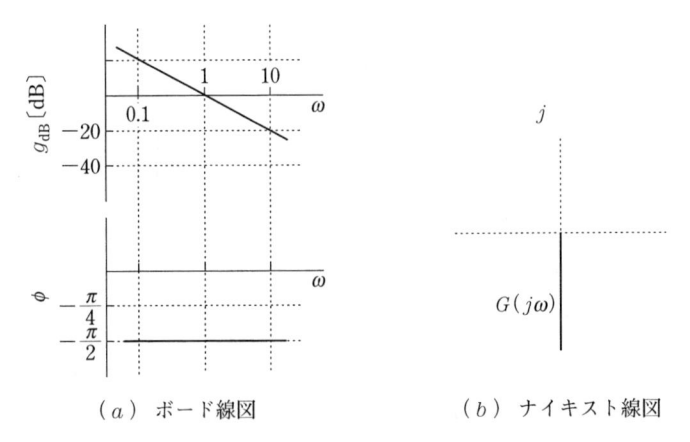

（a）ボード線図　　　　　（b）ナイキスト線図

図 **5.7**　積分要素の周波数応答

うに傾きが負の直線となる。ω が 10 倍増加するごとに g_{dB} は 20 dB 減少するので，このグラフの傾き，すなわち g_{dB} の変化の割合は -20 dB/dec である。

また，式 (5.32) における $G(j\omega)$ のナイキスト線図を複素平面上に表すと図 (b) のようになる。

5.4 1次要素の周波数伝達関数と周波数応答

〔**1**〕 **1次遅れ要素**　　ラプラス領域での伝達関数

$$G(s) = \frac{1}{1+sT} \tag{5.36}$$

において $s \to j\omega$ と置き換えれば，周波数伝達関数

$$G(j\omega) = \frac{1}{1+j\omega T} = \frac{1}{\sqrt{1+(\omega T)^2}} \angle -\mathrm{Tan}^{-1}\omega T \tag{5.37}$$

が得られ，ゲイン $|G(j\omega)|$ と位相 ϕ は

$$|G(j\omega)| = \frac{1}{\sqrt{1+(\omega T)^2}} \tag{5.38}$$

$$\phi = -\mathrm{Tan}^{-1}\omega T \tag{5.39}$$

である。式 (5.38) から，デシベルゲインは

$$g_{dB} = 20\log\left(\frac{1}{\sqrt{1+(\omega T)^2}}\right) = -10\log\{1+(\omega T)^2\} \tag{5.40}$$

となり，横軸を $\log\omega$ に，縦軸に g_{dB} と ϕ をとるとボード線図は**図 5.8** (*a*) のようになる。図において，破線はゲイン特性を表す。

ここで，ω の大小に分けて g_{dB} を吟味するとつぎのようになる。

① $\omega T \ll 1$ すなわち $\omega \ll 1/T$ のとき，$1+(\omega T)^2 \fallingdotseq 1$ とみなせるから

$$g_{dB} \fallingdotseq -10\log 1 = 0 \tag{5.41}$$

である。

② $\omega T = 1$ すなわち $\omega = 1/T$ のとき

(a) ボード線図 (b) ナイキスト線図

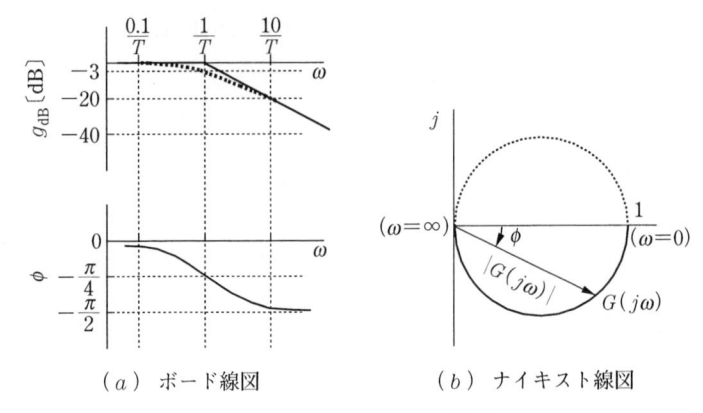

図 5.8　1次遅れ要素の周波数応答

$$g_{\mathrm{dB}} = 20 \log \left(\frac{1}{\sqrt{2}} \right) = -3.01 \,[\mathrm{dB}] \tag{5.42}$$

となる。

③　$\omega T \gg 1$ すなわち $\omega \gg 1/T$ のとき，$1 + (\omega T)^2 \fallingdotseq (\omega T)^2$ とみなせるから

$$g_{\mathrm{dB}} = -10 \log (\omega T)^2 = -20 \log \omega T = -20 \log \omega - 20 \log T \tag{5.43}$$

となり，傾きが $-20\,\mathrm{dB/dec}$ の直線となる。

したがって，ゲイン特性は図(a)に実線で示すように折線近似ができる。折点となる角周波数 $\omega = 1/T$ を**折点周波数**と呼ぶ。周波数特性から考えると，この点より周波数が高くなると出力は減衰していくことから，折点周波数を**遮断周波数** ω_{co} ともいう。なお，位相特性においては誤差が大きくなることから折線近似は用いられない。

また，5.2節で述べた方法と同様にして，式 (5.37) における $G(j\omega)$ を

$$G(j\omega) = \frac{1}{1 + j\omega T} = x + jy \quad (x > 0, \; y < 0) \tag{5.44}$$

とおいて ω を消去し，x と y の関係式を求めると

$$\left(x - \frac{1}{2} \right)^2 + y^2 = \left(\frac{1}{2} \right)^2 \tag{5.45}$$

となり，ナイキスト線図を複素平面上に表すと図 (b) のようになる。

〔2〕 **1次進み要素** ラプラス領域での伝達関数

$$G(s) = 1 + sT \tag{5.46}$$

において $s \to j\omega$ と置き換えれば周波数伝達関数

$$G(j\omega) = 1 + j\omega T = \sqrt{1 + (\omega T)^2} \angle \operatorname{Tan}^{-1}\omega T \tag{5.47}$$

が得られ，ゲイン $|G(j\omega)|$ と位相 ϕ は

$$|G(j\omega)| = \sqrt{1 + (\omega T)^2} \tag{5.48}$$

$$\phi = \operatorname{Tan}^{-1}\omega T \tag{5.49}$$

である。式 (5.38) から，デシベルゲインは

$$g_{\mathrm{dB}} = 20 \log \left(\sqrt{1 + (\omega T)^2} \right) = 10 \log \{1 + (\omega T)^2\} \tag{5.50}$$

となり，横軸を $\log \omega$ に，縦軸に g_{dB} と ϕ をとるとボード線図は**図 5.9** (a)のようになる。図において，破線はゲイン特性を表す。

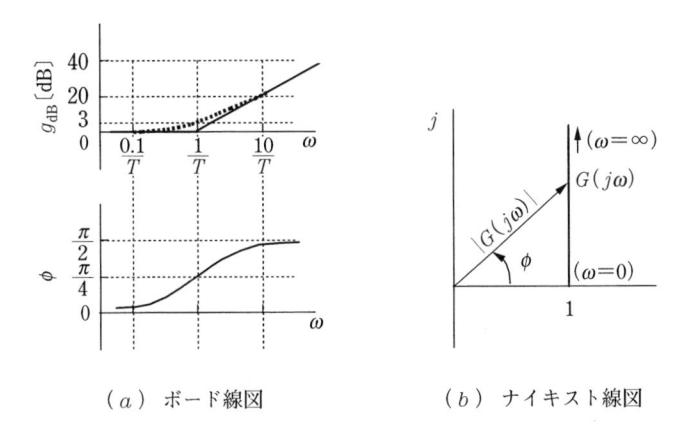

(a) ボード線図　　　　(b) ナイキスト線図

図 5.9 1次進み要素の周波数応答

ここで，ω の大小に分けて g_{dB} を吟味するとつぎのようになる。

① $\omega T \ll 1$ すなわち $\omega \ll 1/T$ のとき，$1 + (\omega T)^2 \fallingdotseq 1$ とみなせるから

$$g_{\mathrm{dB}} \fallingdotseq 10 \log 1 = 0 \tag{5.51}$$

である。

② $\omega T = 1$ すなわち $\omega = 1/T$ のとき

となる。

③ $\omega T \gg 1$ すなわち $\omega \gg 1/T$ のとき,$1 + (\omega T)^2 \fallingdotseq (\omega T)^2$ とみなせるから

$$g_{\text{dB}} = 10\log(\omega T)^2 = 20\log\omega T = 20\log\omega + 20\log T \qquad (5.53)$$

となり,傾きが $+20\,\text{dB/dec}$ の直線となる。

5.5 2次要素の周波数伝達関数と周波数応答

2次遅れ要素の伝達関数の一般式 (4.32) において $s \to j\omega$ とおくと

$$G(j\omega) = \frac{\omega_n^2}{\omega_n^2 - \omega^2 + j2\zeta\omega_n\omega} = \frac{1}{1 - (\omega/\omega_n)^2 + j2\zeta(\omega/\omega_n)} \qquad (5.54)$$

を得る。簡単化のために

$$u = \frac{\omega}{\omega_n} \qquad (5.55)$$

とおいて周波数を正規化すると

$$\begin{aligned}G(ju) &= \frac{1}{1 - u^2 + j2\zeta u} \\ &= \frac{1}{\sqrt{(1-u^2)^2 + (2\zeta u)^2}} \angle \text{Tan}^{-1}\left(\frac{-2\zeta u}{1-u^2}\right)\end{aligned} \qquad (5.56)$$

となる。ここで,u を**正規化周波数**という。

〔**1**〕 **ボード線図** 式 (5.56) から,デシベルゲインと位相は

$$\begin{aligned}g_{\text{dB}} &= 20\log\frac{1}{\sqrt{(1-u^2)^2 + (2\zeta u)^2}} \\ &= -10\log\{(1-u^2)^2 + (2\zeta u)^2\} \\ &= -10\log\{u^4 + 2(2\zeta^2 - 1)u^2 + 1\}\end{aligned} \qquad (5.57)$$

$$\phi = \text{Tan}^{-1}\left(\frac{-2\zeta u}{1 - u^2}\right) \qquad (5.58)$$

のように表される。ここで,g_{dB} と ϕ は減衰率 ζ によって変化する。ζ をパラ

メータとして正規化周波数 u に対する $G(ju)$ のボード線図を描くと図 **5.10** のようになる。

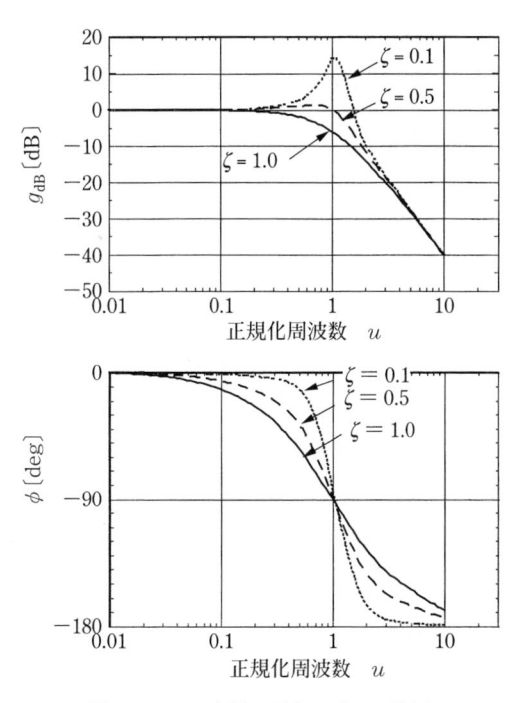

図 5.10 2次遅れ要素のボード線図

u の大小によって g_{dB} がどのように近似できるかについて吟味すると，つぎのようになる。すなわち，u が非常に小さいときには，式 (5.57) において，$u^4 + 2(2\zeta^2 - 1)u^2 + 1 \fallingdotseq 1$ とみなせるから

$$g_{dB} \fallingdotseq -10\log 1 = 0 \tag{5.59}$$

u が非常に大きいときには，式 (5.57) において，$u^4 + 2(2\zeta^2 - 1)u^2 + 1 \fallingdotseq u^4$ とみなせるから

$$g_{dB} \fallingdotseq -10\log(u^4) = -40\log u \tag{5.60}$$

したがって，u が小さいときには g_{dB} は 0 dB に，大きいときには -40 dB/dec の傾きをもつ直線に漸近する。この二つの漸近線の交点は $u = 1$ である。しかしながら1次系とは違い，減衰率 ζ が小さい場合（そのステップ応答が

振動性になる場合），g_{dB} は u の増加に伴って一様に減少するのではなく，$u = 1$ の近傍で g_{dB} は極大値をもち，近似直線とはかけ離れた値となる。

では，ζ がどのような値のときに g_{dB} は極大値をもつのだろうか。g_{dB} が極大値をもつときには $dg_{dB}/du = 0$ が成り立つので，式 (5.57) を u で微分して 0 とおくことにより

$$u^2 = 1 - 2\zeta^2 \tag{5.61}$$

を得る。したがって，g_{dB} に極大値を与える u の値 u_m は

$$u = u_m = \sqrt{1 - 2\zeta^2} \tag{5.62}$$

ここで，u_m は正の実数であるから

$$1 - 2\zeta^2 > 0$$

すなわち

$$0 < \zeta < \frac{1}{\sqrt{2}} \tag{5.63}$$

でなければならず，減衰率 ζ は $1/\sqrt{2} \fallingdotseq 0.707$ より小さいことが必要である。式 (5.62) を式 (5.57) へ代入して g_{dB} の極大値 g_{dBm} を求めると

$$g_{dBm} = -10 \log \{4\zeta^2(1 - \zeta^2)\} \tag{5.64}$$

となる。例えば図 **5.10** のゲイン特性において，$\zeta = 0.5$ のときには $(u_m, g_{dBm}) = (0.707, 1.25)$ が，$\zeta = 0.1$ のときには $(u_m, g_{dBm}) = (0.990, 14.0)$ が極大点である。

また，同図の位相特性において，位相遅れの最大値は $-180°$ である。

〔**2**〕 **ナイキスト線図**　式 (5.56) より

$$G(ju) = \frac{1}{1 - u^2 + j2\zeta u}$$

$$= \frac{1 - u^2}{(1 - u^2)^2 + 4\zeta^2 u^2} - j\frac{2\zeta u}{(1 - u^2)^2 + 4\zeta^2 u^2} \tag{5.65}$$

ナイキスト線図を描くためには式 (5.65) を $x + jy$ とおいて u を消去すれば，複素数平面 (x, y) の上を動く $G(j\omega)$ の軌跡の方程式が得られるが，この場合には複雑であるので，実軸，虚軸との交点や $u \to \infty$ のときの極限値に着

目して $G(j\omega)$ の概形を求めよう。

$u = 1$ すなわち $\omega = \omega_n$ のとき，$G = 0 - j/(2\zeta) = -j/(2\zeta)$

$u = 0$ すなわち $\omega = 0$ のとき，　$G = 1 + j0 = 1$

$u \to \infty$ すなわち $\omega \to \infty$ のとき，$G \to 0 - j0$

であるから，$G(ju)$ すなわち $G(j\omega)$ のナイキスト線図の概形は図 **5.11** のようになる。

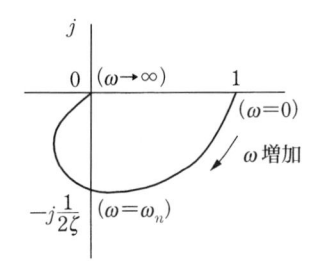

図 **5.11** 2次遅れ要素のナイキスト線図

5.6 むだ時間要素の周波数伝達関数と周波数応答

むだ時間要素の伝達関数の一般式 (4.57) において $s \to j\omega$ とおくと

$$G(j\omega) = e^{-j\omega\tau} = \cos\omega\tau - j\sin\omega\tau = 1 \angle -\omega\tau \qquad (5.66)$$

〔**1**〕 **ボード線図**　式 (5.66) から，デシベルゲインと位相は式 (5.67)，(5.68) で表される。

$$g_{\mathrm{dB}} = 20 \log 1 = 0 \qquad (5.67)$$

$$\phi = -\omega\tau \qquad (5.68)$$

これより，ボード線図は図 **5.12** のようになる。

図からわかるようにデシベルゲイン g_dB は一定であるにもかかわらず，角周波数 ω の増加とともに位相 ϕ は限りなく遅れていく。1次要素や2次要素においては，g_dB と ϕ は ω の関数であり，g_dB と ϕ は媒介変数 ω により関係づけられているが，むだ時間要素においては g_dB と ϕ の間には何の関係もない。この位相遅れは制御系を不安定にする要因になるが，詳しくは6章で述べる。

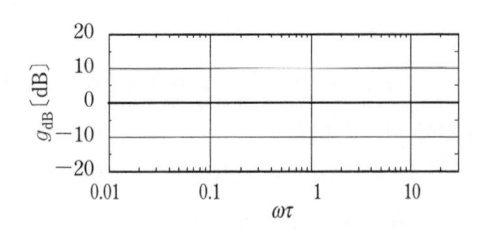

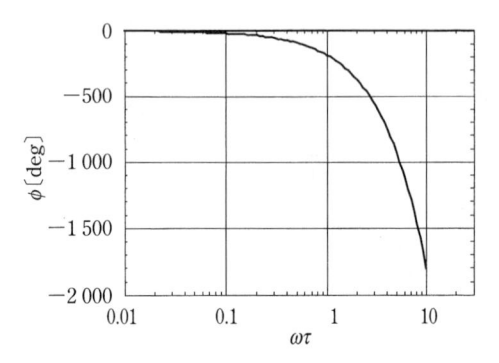

図 5.12 むだ時間要素のボード線図

〔2〕 **ナイキスト線図** 式 (5.66) より，ゲイン $|G(j\omega)|$ は 1（一定）で，角周波数 ω の増加に応じて位相 ϕ のみが負の方向に増加するから，ナイキスト線図は図 5.13 のようになる。

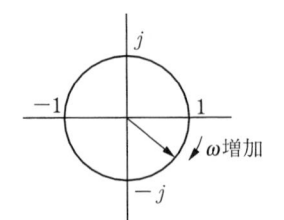

図 5.13 むだ時間要素のナイキスト線図

5.7 例　　題

例題 5.1 伝達関数が

$$G(s) = \frac{s+1}{10s+1}$$

で表される伝達要素がある。
(1) ナイキスト線図の概形を描け。
(2) ボード線図を描け。デシベルゲインについては折線近似を用いてよい。

【解答】
(1) $s \to j\omega$ とおくと周波数伝達関数は
$$G(j\omega) = \frac{1 + j\omega}{1 + j10\omega}$$
のようになる。分母を有理化して整理すると
$$G(j\omega) = \frac{1 + 10\omega^2}{1 + 100\omega^2} - j\frac{9\omega}{1 + 100\omega^2}$$
となる。この式からつぎのことがわかる。すなわち
① 実部は0になりえないから虚軸とは交わらない。
② $\omega = 0$ のとき実軸と交わる（虚部が0になる）。このとき $G(0) = 1$。
③ $\omega \to \infty$ のとき $G(j\infty) \to 0.1$ である。
④ 実部 > 0，虚部 < 0 であるから，$G(j\omega)$ は複素平面の第4象限にある。
したがって，ナイキスト線図は図 **5.14** (a) のようになる。

(2) $G(j\omega)$ において
$$G_1(j\omega) = 1 + j\omega$$
$$G_2(j\omega) = \frac{1}{1 + j10\omega}$$
とおくと
$$G(j\omega) = G_1(j\omega)\, G_2(j\omega)$$
である。
$G_1(j\omega)$ のデシベルゲイン g_{dB1} は
$$g_{dB1} = 20 \log \sqrt{1 + \omega^2}$$
となる。ここで
$\omega \ll 1$ のとき，$g_{dB1} \fallingdotseq 20 \log 1 = 0$
となり，横軸（ω軸）に水平な直線となる。
$\omega \gg 1$ のとき，$g_{dB1} \fallingdotseq 20 \log \omega$
となり，ω軸を対数目盛でとると，傾きが $20\,\mathrm{dB/dec}$ の直線となる。この二つの近似直線の折返し点は $\omega = 1$ である。
また，$G_1(j\omega)$ の位相 ϕ_1 は

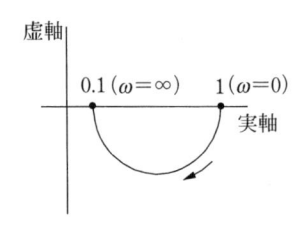

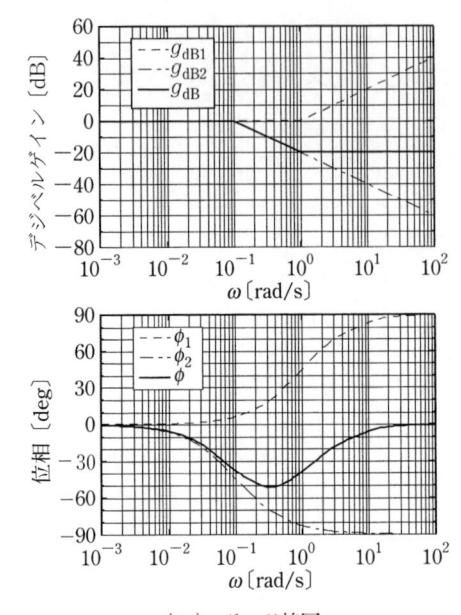

(a) ナイキスト線図　　　　(b) ボード線図

図 5.14　例題 5.1 の解

$$\phi_1 = \mathrm{Tan}^{-1}\omega$$

である。

また，$G_2(j\omega)$ のデシベルゲイン g_{dB2} は

$$g_{\mathrm{dB2}} = 20\log\frac{1}{\sqrt{1+(10\omega)^2}} = -20\log\sqrt{1+(10\omega)^2}$$

$\omega \ll 0.1$ のとき，$g_{\mathrm{dB2}} \fallingdotseq -20\log 1 = 0$

$\omega \gg 0.1$ のとき，$g_{\mathrm{dB2}} \fallingdotseq -20\log\omega$

で，折返し点は $\omega = 0.1$ である。$G_2(j\omega)$ の位相 ϕ_2 は

$$\phi_2 = -\mathrm{Tan}^{-1}10\omega$$

g_{dB1} と g_{dB2}，および ϕ_1 と ϕ_2 のボード線図は図(b)の破線および1点鎖線のようになる。

g_{dB} は g_{dB1} と g_{dB2} の和，ϕ は ϕ_1 と ϕ_2 の和であり

$$g_{\mathrm{dB}} = 20\log\sqrt{1+\omega^2} - 20\log\sqrt{1+(10\omega)^2}$$

$$\phi = \mathrm{Tan}^{-1}\omega - \mathrm{Tan}^{-1}10\omega$$

となる。g_{dB} と ϕ のボード線図は図(b)の実線のようになる。

【別解】 MATLAB を用いて解く。

(1) ナイキスト線図を描くためのプログラム例を以下に示す。

```
num=[1 1];
den=[10 1];
printsys(num,den)
nyquist(num,den)      (ナイキスト線図描画)
axis([0,1,-1,0])      (プロットさせたい範囲を
grid on                実軸 0〜1,虚軸−1〜0 に指定)
```

結果を図 **5.15** (a) に示す。

(a) ナイキスト線図　　(b) ボード線図

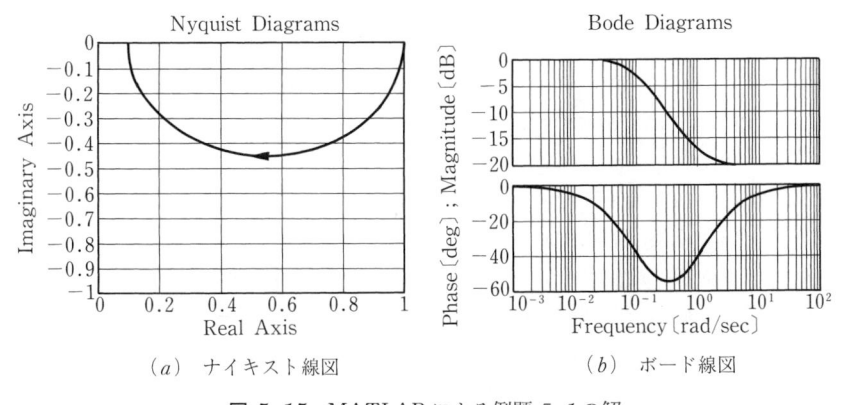

図 **5.15** MATLAB による例題 5.1 の解

(2) ボード線図を描くためのプログラム例を以下に示す。

```
num=[1 1];
den=[10 1];
printsys(num,den)
bode(num,den)         (ボード線図描画)
grid on
```

結果を図(b)に示す。　　　　　　　　　　　　　　　　$\diamondsuit$

例題 5.2　伝達関数が

$$G(s) = \frac{10}{(1+0.1s)(1+0.025s)}$$

で表される伝達要素がある。
(1) ナイキスト線図の概形を描け。
(2) ボード線図を描け。デシベルゲインについては折線近似を用いてもよい。

【解答】
(1) $s \to j\omega$ とおくと
$$G(j\omega) = \frac{10}{(1+j0.1\omega)(1+0.025\omega)}$$
分母を有理化して整理すると
$$G(j\omega) = \frac{10(1-2.5\times 10^{-3}\omega^2) - j1.25\omega}{(1+0.01\omega^2)(1+6.25\times 10^{-4}\omega^2)}$$
のようになる。この式からつぎのことがわかる。
① $1-2.5\times 10^{-3}\omega^2 = 0$ のとき，すなわち $\omega = 20$ のとき虚軸と交わる。このとき，$G(j20) = -j4$ である。
② $\omega = 0$ のとき実軸と交わる。
③ $\omega \to \infty$ のとき $G(j\infty) \to 0$ である。
④ 虚部 < 0 であるから，$G(j\omega)$ は複素平面の下半分にある。
したがって，ナイキスト線図は図 **5.16** (a) のようになる。

(2) $G(j\omega)$ のデシベルゲイン g_{dB} は
$$g_{dB} = 20\log\frac{1}{\sqrt{1+(0.1\omega)^2}} + 20\log\frac{1}{\sqrt{1+(0.025\omega)^2}} + 20\log 10$$
$$= -20\log\sqrt{1+(0.1\omega)^2} - 20\log\sqrt{1+(0.025\omega)^2} + 20$$
$$= g_{dB1} + g_{dB2} + g_{dB3}$$
となる。g_{dB1}, g_{dB2} の折点周波数は $\omega_{\omega 1} = 10\,[\mathrm{rad/s}]$, $\omega_{\omega 2} = 40\,[\mathrm{rad/s}]$ である。
位相 ϕ は
$$\phi = -\mathrm{Tan}^{-1}0.1\omega - \mathrm{Tan}^{-1}0.025\omega = \phi_1 + \phi_2$$
である。
g_{dB} と ϕ のボード線図は，図(b) の実線のようになる。

【別解】 MATLAB を用いて解く。
(1) ナイキスト線図を描くためのプログラム例を以下に示す。
```
num=10;
```

5.6 むだ時間要素の周波数伝達関数と周波数応答

(a) ナイキスト線図　　　　(b) ボード線図

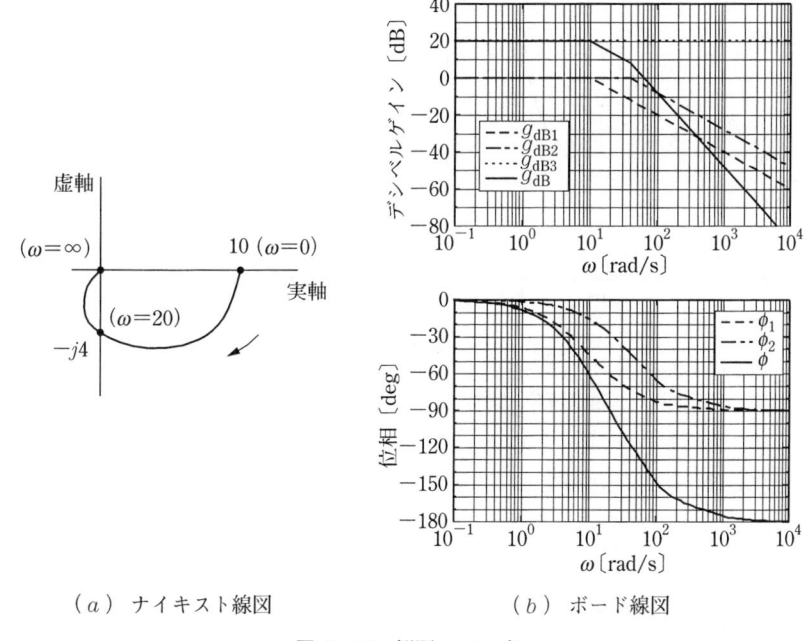

図 5.16　例題 5.2 の解

```
den=conv([0.1 1],[0.025 1]);
printsys(num,den)
nyquist(num,den)      (ナイキスト線図描画)
grid on
```
結果を図 5.17(a)に示す。

(2) ボード線図を描くためのプログラム例を以下に示す。
```
num10;
den=conv([0.1 1],[0.025 1]);
printsys(num,den)
bode(num,den,{0.1,10000})   (角周波数 $10^{-1}$〜$10^{+4}$ rad/s の
                             範囲でボード線図を描画)
grid on
```
結果を図(b)に示す。　　　　　　　　　　　　　　　　◇

(a) ナイキスト線図　　　　　(b) ボード線図

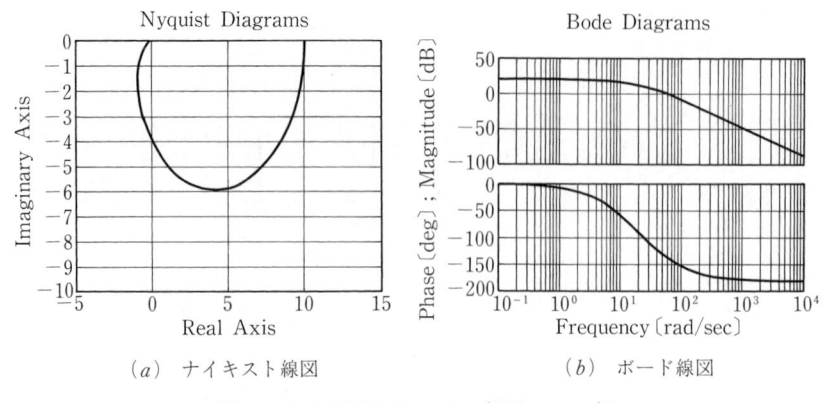

図 **5.17** MATLAB による例題 5.2 の解

例題 5.3 伝達関数が
$$G(s) = \frac{2\,500}{s^2 + 10s + 2\,500}$$
で表される伝達要素がある。
（1） ナイキスト線図の概形を描け。
（2） ボード線図を描け。デシベルゲインに最大点が存在する場合にはその最大値も求めよ。

【解答】
（1） $s = j\omega$ とおくと周波数伝達関数は
$$G(j\omega) = \frac{2\,500}{(2\,500 - \omega^2) + j10\omega}$$
のようになる。分母を有理化して整理すると
$$G(j\omega) = \frac{2\,500\,\{(2\,500 - \omega^2) - j10\omega\}}{(2\,500 - \omega^2)^2 + 100\omega^2}$$
のようになる。この式からつぎのことがわかる。
① $2\,500 - \omega^2 = 0$ のとき，すなわち $\omega = 50$ のとき虚軸と交わる。このとき，$G(j50) = -j5$ である。
② $\omega = 0$ のとき実軸と交わる。このとき，$G(j0) = 1$。
③ $\omega \to \infty$ のとき $G(j\infty) \to 0$ である。
④ 虚数部 < 0 であるから，$G(j\omega)$ は複素平面の下半分にある。
したがって，ナイキスト線図は図 **5.18**（a）のようになる。

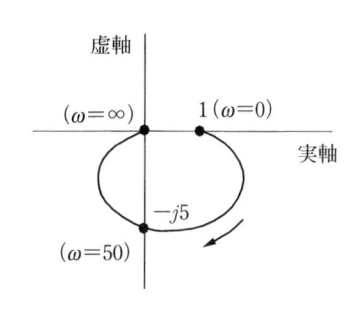

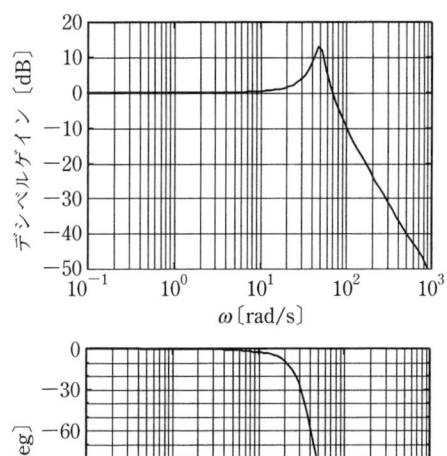

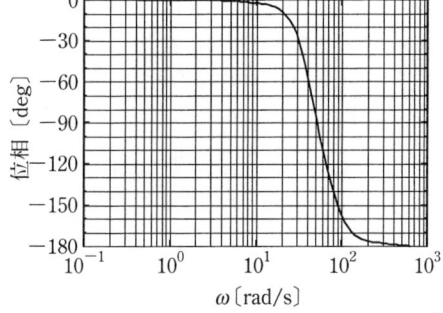

5.6 むだ時間要素の周波数伝達関数と周波数応答　　101

(a) ナイキスト線図　　　　　　　(b) ボード線図

図 5.18　例題 5.3 の解

(2)　$G(j\omega)$ のデシベルゲイン g_{dB} は

$$g_{dB} = 20 \log |G(j\omega)|$$

$$= 20 \log \left(\frac{2\,500}{\sqrt{(2\,500 - \omega^2)^2 + 100\omega^2}} \right)$$

$$= 20 \log \left(\frac{2\,500}{\sqrt{2\,500^2 - 4\,900\omega^2 + \omega^4}} \right)$$

ω が小の範囲では，ω^2 と ω^4 の項を無視すると

$$g_{dB1} \fallingdotseq 20 \log 1 = 0$$

となり，横軸（ω 軸）上の直線となる。

ω が大の範囲では，定数項と ω^2 の項を無視すると

$$g_{dB} = 20 \log \left(\frac{50}{\omega} \right)^2 = 40 \log \left(\frac{50}{\omega} \right) = -40 \log \omega + 40 \log 50$$

となり，傾きが -40 dB/d の直線となる。ここで，$\omega = 50$ のとき $g_{dB} = 0$ だから，この直線を延長すると $\omega = 50$ で ω 軸と交わる。

ω が中間の範囲ではどうなるかを知るため，この範囲で g_{dB} に最大点があるかどうかを検討する。

g_{dB} が最大になるためには $|G(j\omega)|$ が最大になればよく，そのためには $|G(j\omega)|$ の分母の $\sqrt{}$ のなかの値が最小になればよい。すなわち

$$\frac{d}{d\omega}\left(2\,500^2 - 4\,900\omega^2 + \omega^4\right) = 0$$

が成り立てばよい。これを解いて

$$\omega = \omega_P = 49.5 \,[\text{rad/s}]$$

を得る。このときのデシベルゲインは

$$g_P = g_{dB}(49.5) = 20\log 5.03 = 14.0\,[\text{dB}]$$

である。$\omega_P > 0$, $g_P > 0$ で物理的に適切な値であるからデシベルゲインは最大値をもち，その値は 14.0 dB であることがわかる。

一方，位相は

$$\phi = -\,\text{Tan}^{-1}\left(\frac{10\omega}{2\,500 - \omega^2}\right)$$

すなわち

$\omega \leq 50$ においては $\quad \phi = -\,\text{Tan}^{-1}\left(\dfrac{10\omega}{2\,500 - \omega^2}\right)\,[\text{deg}]$

$\omega = 50$ においては $\quad \phi = -\,90\,[\text{deg}]$

$\omega > 50$ においては $\quad \phi = \text{Tan}^{-1}\left(\dfrac{10\omega}{\omega^2 - 2\,500}\right) - 180\,[\text{deg}]$

以上からボード線図を描くと，図 (b) のようになる。

【別解】　MATLAB を用いて解く。

（1）　ナイキスト線図を描くためのプログラム例を以下に示す。

```
num=2500;
den=[1 10 2500];
printsys(num,den)
nyquist(num,den)        (ナイキスト線図描画)
axis([-3,3,-6,0])       (描画範囲指定)
grid on
```

結果を図 **5.19**(a) に示す。

（2）　ボード線図を描くためのプログラム例を以下に示す。

```
num=2500;
```

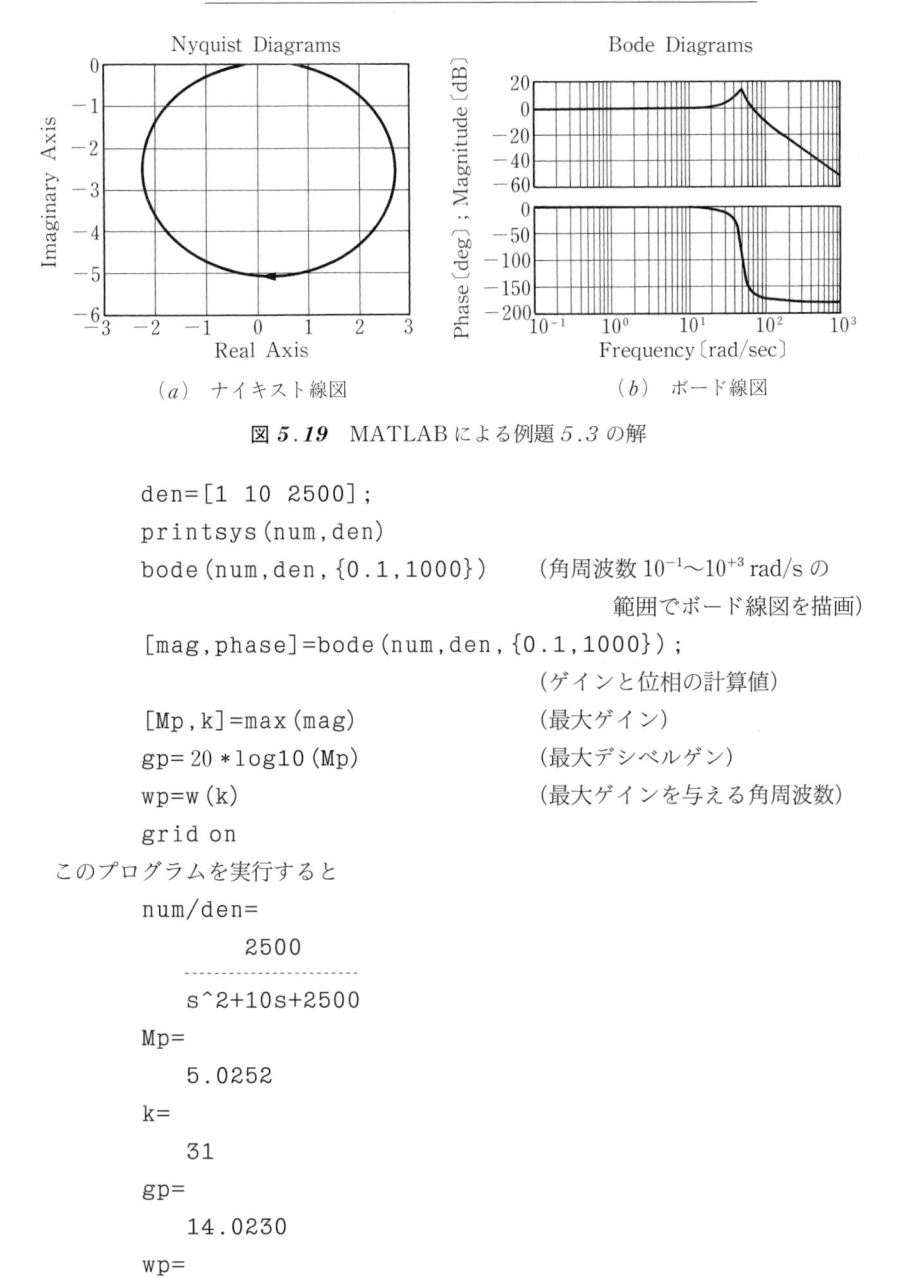

5.6 むだ時間要素の周波数伝達関数と周波数応答

図 5.19 MATLAB による例題 5.3 の解
(a) ナイキスト線図
(b) ボード線図

```
den=[1 10 2500];
printsys(num,den)
bode(num,den,{0.1,1000})     (角周波数 $10^{-1}$〜$10^{+3}$ rad/s の
                              範囲でボード線図を描画)
[mag,phase]=bode(num,den,{0.1,1000});
                             (ゲインと位相の計算値)
[Mp,k]=max(mag)              (最大ゲイン)
gp=20*log10(Mp)              (最大デシベルゲン)
wp=w(k)                      (最大ゲインを与える角周波数)
grid on
```

このプログラムを実行すると

```
num/den=
       2500
    ---------------
    s^2+10s+2500
Mp=
    5.0252
k=
    31
gp=
    14.0230
wp=
    49.4975
```

と表示され，結果がグラフ化される。

すなわち，最大デシベルゲイン g_P は 14.0 dB，g_P を与える角周波数 ω_P は 49.5 rad/s であり，ボード線図は図 (b) のようになる。　　　　　　　　　　◇

例題 5.4　伝達関数が
$$G(s) = \frac{1}{s} e^{-s}$$
で表される伝達要素がある。

（1）ナイキスト線図の概形を描け。

（2）ボード線図を描け。

【解答】

（1）$s \to j\omega$ とおくと周波数伝達関数は
$$G(j\omega) = \frac{e^{-j\omega}}{j\omega} = \frac{1}{\omega} \angle -\left(\omega + \frac{\pi}{2}\right) = \frac{1}{\omega}(-\sin\omega - j\cos\omega)$$
となる。この式からつぎのことがわかる。

① $\omega = 0$ のとき $G = -1 - j\infty$

② $\omega = \infty$ のとき $G = 0$

③ $\omega + \pi/2 = \pi$ すなわち $\omega = \pi/2$ のとき $G = 2/\pi \angle -\pi = -2/\pi$

したがって，ナイキスト線図は図 5.20 (a) のように渦巻き状になり，ω が増加するに従って $G(j\omega)$ の大きさは減少し，位相は限りなく負の方向に増加していく。

（2）デシベルゲインは
$$g_{\text{dB}} = 20 \log \frac{1}{\omega} \quad \text{[dB]}$$
位相は
$$\phi = -\omega - \frac{\pi}{2} \quad \text{[rad]}$$
$$= -\frac{180}{\pi}\omega - 90 = -\frac{180}{\pi}\left(\omega + \frac{\pi}{2}\right) \quad \text{[deg]}$$
なので，ボード線図は図 (b) のようになる。

【別解】　MATLAB を用いて解く。

（1）ナイキスト線図を描くためのプログラム例を以下に示す。

5.6 むだ時間要素の周波数伝達関数と周波数応答   105

(a) ナイキスト線図   (b) ボード線図

図 5.20　例題 5.4 の解

```
h=tf(1,[1 0],'td',1)    (むだ時間1sを含む伝達要素 1/s)
nyquist(h)              (ナイキスト線図描画)
axis([-2,1,-1,1])       (実軸−2〜1, 虚軸−1〜1の描画範囲指定)
grid on
```

(2) ボード線図を描くためのプログラム例を以下に示す。

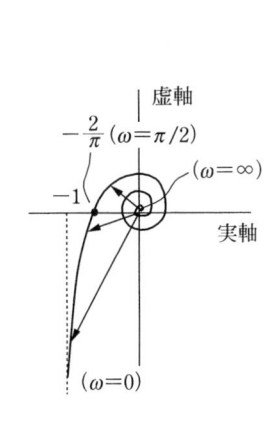

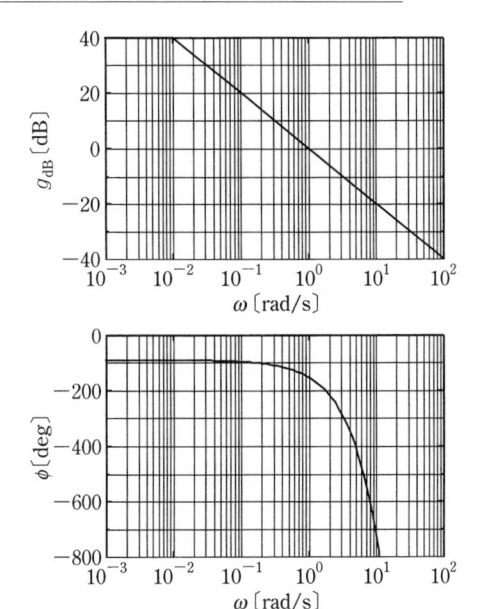

```
h=tf(1,[1 0],'td',1)
bode(h,{0.01,10})       (角周波数 $10^{-2}$〜$10^{+1}$ rad/s の
                         範囲でボード線図を描画)
grid on
```

結果は図 5.21 のようになる。　　　　　　　　　　　　　　　　◇

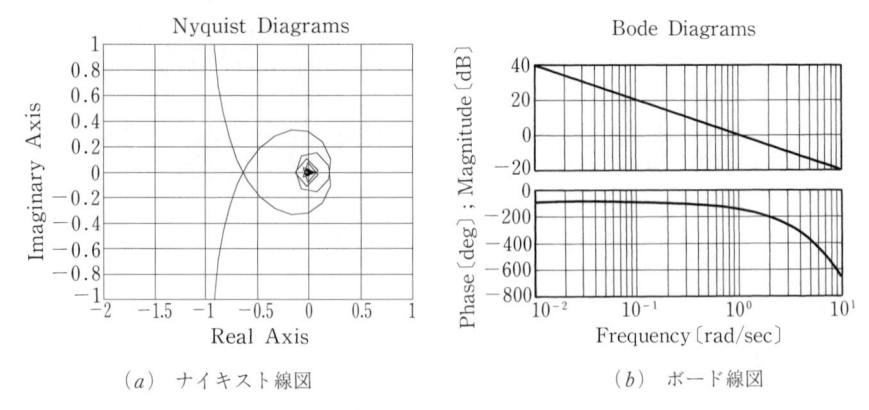

図 5.21　MATLAB による例題 5.4 の解

演 習 問 題

【1】 以下の伝達要素のナイキスト線図の概形とボード線図を描け。なお，デシベルゲインに最大点が存在する場合には，その値も求めよ。

（1）　$G(s) = \dfrac{100}{s\,(s+100)}$

（2）　$G(s) = \dfrac{10s+1}{s+1}$

（3）　$G(s) = \dfrac{1}{(1+10s)\,(1+s)\,(1+0.1s)}$

（4）　$G(s) = \dfrac{10}{s^2+s+10}$

【2】 以下の伝達要素のナイキスト線図の概形とボード線図を描け。

$$G(s) = \dfrac{1}{s+1}e^{-s}$$

（ただし，$\omega = 2.029$ [rad] のとき $\omega + \text{Tan}^{-1}\omega = \pi$ である）

6

自動制御系の安定性

　制御系は目標値が変化したり，外部から系を乱すような外乱が加わったときそれらの変化に対応し，ある一定値に収まらなくてはならない。この議論は系の安定性に関係している。本章では，自動制御系が安定であるということの意味，および自動制御系が安定か不安定かを判別する方法について述べる。

6.1 安定性の定義

　図 *6.1* のブロック線図に示すような制御系では制御量を目標値に近づけ，できるだけ制御偏差が 0 になるように動作するように設計されなくてはならない。

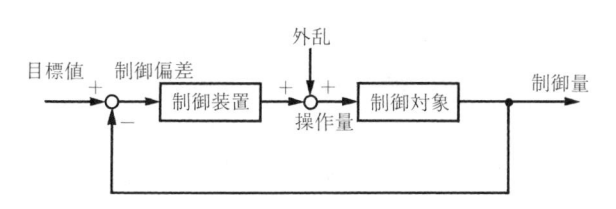

図 *6.1*　フィードバック制御系ブロック線図

　目標値を変更したり，系に外乱が加えられたりすると，いままでの制御系が乱されるのは当然である。しかし，制御系としての役目を果たすためには，例えば

（1）　目標値を変更したときは，図 *6.2*（*a*）のように，制御量はすみやかにその新目標値に近づかなければならない。

108   6. 自動制御系の安定性

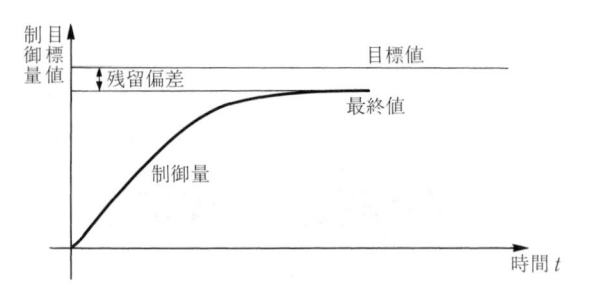

(a) 目標値の変更による制御量の変化

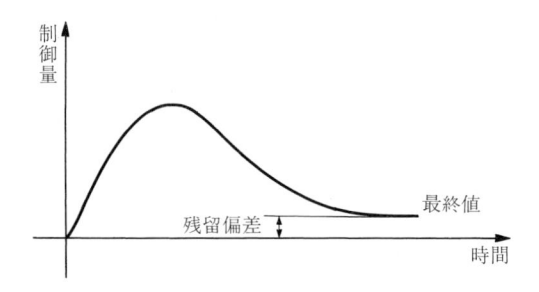

(b) 外乱による制御量の変化

図 **6.2**

(2) 外乱が加わったときは，一時的に系が乱されても，その外乱が除去されたら図(b)のように，再びもとの状態にすみやかに復帰しなければならない。

このようにフィードバック制御系において目標値が変更されたり，外乱が加えられたりしたとき，制御量が時間の経過とともに新目標値に近づく，あるいは外乱の影響が時間とともに取り除かれ，再びもとの状態に復帰するような系は**安定**であるという。そうでない系を**不安定**という[1]。

したがって，ここで考えている制御系ではその目的から考えて，つねに安定とならなければならない。以下に，不安定とはどのような性質の系に起こるか，また，安定になるためにはどのような条件が満足されなければならないかを考える。

6.2 不安定である系

図 6.3 に示す制御系において

$$G(s) = \frac{1}{s^2 - s - 3} \ , \quad H(s) = 1 \tag{6.1}$$

とする。いま，目標値 $r(t)$ が階段状に変化したときの制御量 $y(t)$ の変化について調べよう。この場合，外乱 $d(t)$ はないものと仮定する。

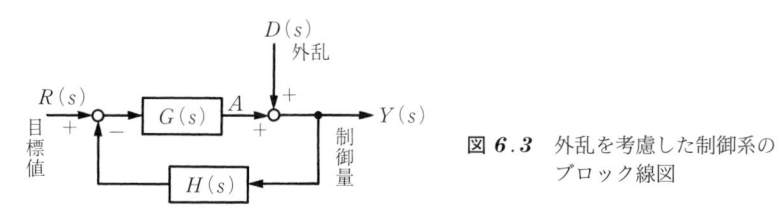

図 6.3　外乱を考慮した制御系のブロック線図

この変化を求めるためには，目標値 $R(s)$ と制御量 $Y(s)$ との関係式

$$W(s) = \frac{Y(s)}{R(s)} = \frac{G(s)}{1 + G(s)H(s)} \tag{6.2}$$

に対し，単位階段状信号 $r(t)$ のラプラス変換 $R(s) = 1/s$ を入力としたときの出力に対して逆ラプラス変換を行い，時間領域に戻すことを考える。

式 (6.2) に式 (6.1) を代入して，$R(s) = 1/s$ とすれば，$Y(s)$ は，つぎのようになる。

$$\begin{aligned} Y(s) &= \frac{1/(s^2 - s - 3)}{1 + 1/(s^2 - s - 3)} \frac{1}{s} = \frac{1}{s^2 - s - 2} \frac{1}{s} \\ &= \frac{1}{(s+1)(s-2)} \frac{1}{s} \end{aligned} \tag{6.3}$$

式 (6.3) をラプラス逆変換するために，以下のように展開する。

$$Y(s) = -\frac{1}{2}\frac{1}{s} + \frac{1}{6}\frac{1}{s-2} + \frac{1}{3}\frac{1}{s+1} \tag{6.4}$$

式 (6.4) の両辺の逆ラプラス変換を行えば

$$y(t) = -\frac{1}{2} + \frac{1}{6}e^{2t} + \frac{1}{3}e^{-t} \tag{6.5}$$

となることがわかる。

図 **6.4** は，式 (6.5) を横軸に時間をとって描いた図である。制御量 $y(t)$ は時間の経過とともにいくらでも大きくなっている。式 (6.5) の第 3 項 e^{-t} は $t\to\infty$ につれて 0 に近づくが，第 2 項 e^{2t} は $t\to\infty$ に対していくらでも大きくなることから，この事実は明らかである。

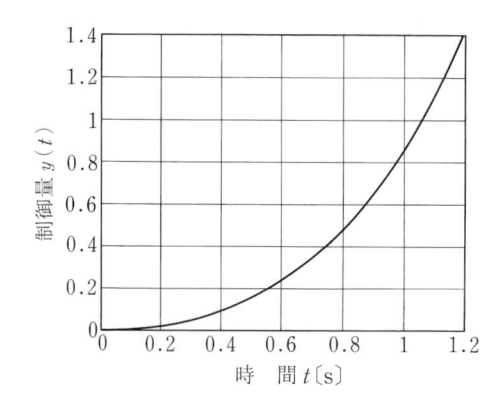

図 **6.4** 目標値の変化に対する応答波形

図 **6.3** の系に対するステップ応答の式 (6.5) は，以下の MATLAB プログラムによって得られる。

```
%  図6.4  目標値の変化に対する応答波形
>>G=tf(1,[1-1 -3]);
>>W=feedback(G,1);              %  単一フィードバック
>>[num,den]=tfdata(W);
>>t=[0:0.05:1.2];
>>[y,x,t]=step(num,den,t);      %  ステップ応答
>>plot(t,y);
>>axis([0,1.2,0,1.4])
>>grid
>>hold on
>>xlabel('時間t','FontSize',10)
```

```
>>ylabel('制御量y(t)','FontSize',10)
>>Title('図6.4 目標値の変化に対する応答波形',
    'FontSize',10)
```

さて，e^{2t} の指数値 2 は，式 (6.3) からもわかるように，式 (6.2) の分母を 0 とした根

$$1 + G(s)H(s) = 1 + \frac{1}{s^2 - s - 3} \times 1$$
$$= \frac{(s+1)(s-2)}{s^2 - s - 3} = 0 \qquad (6.6)$$

すなわち

$$(s+1)(s-2) = 0 \quad s = -1, \ s = 2 \qquad (6.7)$$

を満たす s の一つである．結局，このような不安定現象が起こらないためには，$1 + G(s)H(s) = 0$ の根がすべて負，正確にいえば，根の実部がすべて負でなくてはならないことがわかる（図 3.8 を参照）．つまり，方程式 $1 + G(s)H(s) = 0$ の根が閉ループ系の特性を決定づけることになる．そこで，この方程式は**特性方程式**と呼ばれ，根は**特性根**と呼ばれる．

　もう一つの例を考えよう．今度は正弦波状の外乱が印加された場合，制御量 $y(t)$ がどのように変化するか考える．この場合，閉ループ系としては外乱の影響がすみやかに取り除かれることが求められる．

　さて，図 6.3 に示した制御系ブロック線図において，目標値信号 $r(t)$ はない（$R(s) = 0$）とし，正弦波状信号の半周期が外乱 $d(t)$ として系に加えられたとする．

　このとき，図 6.3 は図 6.5 のようなブロック線図に書き換えて考えることができるので，このブロック図の A 点における信号の変化をみよう．

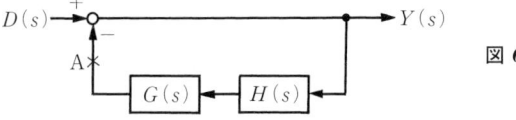

図 6.5　図 6.3 を書き換えたブロック線図

制御量 $Y(s) = \mathcal{L}[y(t)]$ に注目する。印加された外乱 $D(s) = \mathcal{L}[d(t)]$ は開ループ伝達関数 $G(s)H(s)$ を通して加え合せ点 A のほうへフィードバックされる。

いま，以下の三つの特性を示す正弦波状信号が外乱として印加される場合を考えよう。すなわち，開ループ伝達関数の位相が

$$\angle G(j\omega)H(j\omega) = -180° \tag{6.8}$$

であるとき，利得が以下であるような3種類の正弦波状信号を考えよう。

(1) $|G(j\omega)H(j\omega)| < 1$ (6.9)

(2) $|G(j\omega)H(j\omega)| = 1$ (6.10)

(3) $|G(j\omega)H(j\omega)| > 1$ (6.11)

いずれの場合も，印加された半波の正弦波状信号は $y(t)$ に現れると同時に $G(s)H(s)$ を介してフィードバックされるが，A点での信号は位相が180°遅れている。

さて，(1)の場合，$G(j\omega)H(j\omega)$ のゲインは1より小さいのでA点での振幅値は $y(t)$ より小さいことになる。さらに，この信号は負フィードバックされるので，信号は反転し，つぎの半周期($\pi<t<2\pi$)における制御量 $y(t)$ は図 **6.6**(a)のIIのようになる。つぎに，IIの信号が負フィードバックされ，つぎの半周期には $y(t)$ はIIIのようになる。IVもまた同様である。このように振幅値はしだいに小さくなり，外乱は0に近づく。

(2)の場合，A点での振幅値が $y(t)$ と等しいことだけで後の状況は(1)と同じである。すなわち，制御量 $y(t)$ は同図(b)のI，II，IIIのように振動現象が続く。

(3)の場合，(1)とは逆にA点での振幅値が $y(t)$ より大きいので，振幅値は増幅され，制御量 $y(t)$ は同図(c)のI，II，IIIのようにしだいに大きくなる。この場合，印加された外乱は増幅され，フィードバック制御の目的を達しない。以上の考察から，つぎのことを結論することができる。

もし，正弦波状半波信号が閉回路を一巡するごとに，出力の振幅値が入力のそれに比べて減少すれば，そのような周波数をもつ入力に対して制御系は安定

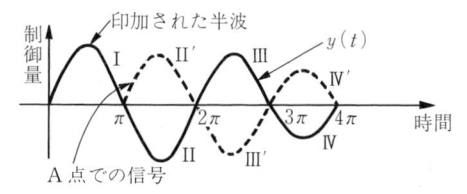

(a)　$|G(j\omega)H(j\omega)| < 1$ の場合

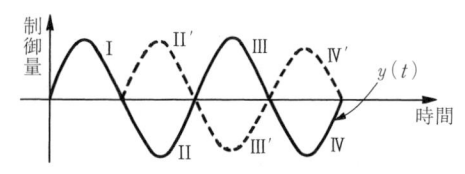

(b)　$|G(j\omega)H(j\omega)| = 1$ の場合

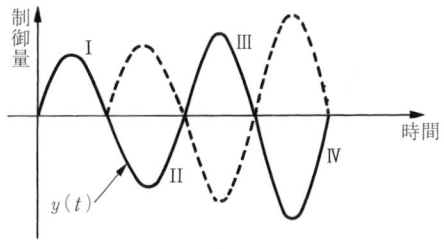

(c)　$|G(j\omega)H(j\omega)| > 1$ の場合

図 6.6　外乱として半波が印加されたときの系の応答

状態へと落ち着く．反対に，信号が回路を一巡するごとに，その入力の振幅に比べ出力の振幅が増大すれば，そのような周波数をもつ入力に対して閉ループ系は不安定となる[1]．

言葉を変えれば，開ループ伝達関数 $G(s)H(s)$ の周波数特性が

$$\angle G(j\omega)H(j\omega) = -180°$$

において

(1)　$|G(j\omega)H(j\omega)| < 1$ 　　　　　　　　　　　　　　(6.12)

であるとき，閉ループ系は安定である．

(2)　$|G(j\omega)H(j\omega)| > 1$ 　　　　　　　　　　　　　　(6.13)

であるとき，閉ループ系は不安定である．

(3)　$|G(j\omega)H(j\omega)| = 1$ 　　　　　　　　　　　　　　(6.14)

であるとき，閉ループ系は安定限界であるといえる。

6.3 安定判別法

6.2節では制御系の安定性について考察し，制御系は安定でなくては意味をもたないことを述べた。続いて，どのようにして制御系が安定であるか否かを判定するのか具体的な方法について話を進めよう。ここで，紹介する方法は大きく分けて二つある。その一つは6.2節での最初の例，すなわち，閉ループ系の特性根から判定する方法であり，他の一つは6.2節での2番目の例，すなわち，開ループ伝達関数の周波数特性から判定する方法である。二つの方法で最も異なる点は前者は閉ループの特性からの判定であり，後者は開ループの特性から判定する点にある。

6.3.1 閉ループ系の特性根から判定する方法

図 6.3 のような制御系において，目標値 $R(s)$ と制御量 $Y(s)$ との関係は式 (6.2) である。一方，外乱 $D(s)$ と制御量 $Y(s)$ との間の関係は図 6.5 より

$$W(s) \equiv \frac{Y(s)}{D(s)} = \frac{1}{1 + G(s)H(s)} \tag{6.15}$$

であって，系の開ループ伝達関数 $G(s)H(s)$ を $q(s)/p(s)$ とおけば，いずれの場合も特性方程式は

$$1 + G(s)H(s) = 1 + \frac{q(s)}{p(s)} = 0 \tag{6.16}$$

すなわち

$$p(s) + q(s) = 0 \tag{6.17}$$

である。つまり，目標値に対しても外乱に対しても閉ループ系の特性方程式は等しいといえる。

一般に，特性方程式はつぎのように n 次の実係数の多項式

$$a_0 s^n + a_1 s^{n-1} + \cdots + a_{n-1} s + a_n = 0 \qquad (6.18)$$

で表され，この n 個の根は重根を含む実数，もしくは複素数の場合には必ず共役複素数の対で現れることが知られている。したがって，先に述べたように，系が安定であるためには特性根の実数，あるいは複素数の場合にはその実部がすべて負であればよいことになる。

一般に n 次特性方程式の n 個の根を直接求めることは非常に困難である。ここで，説明するフルビッツあるいはラウスの方法は特性方程式を直接解くのではなく，方程式 (6.18) の係数 a_0, a_1, a_2, $\cdots$, a_n から特性根の実部の符号を知ろうとする判別法である。

〔**1**〕 **ラウスの方法**　閉ループ制御系の特性方程式 (6.18) をもう一度考えよう。

$$a_0 s^n + a_1 s^{n-1} + \cdots + a_{n-1} s + a_n = 0 \qquad (6.18)$$

この方程式の係数がすべて 0 でなく，しかも同一符号であるとき，これらの係数から簡単な演算によって導かれるつぎの数列を構成する。

$$
\begin{array}{c|cccc}
s^n & a_0 & a_2 & a_4 & a_6 & \cdots \\
s^{n-1} & a_1 & a_3 & a_5 & a_7 & \cdots \\
s^{n-2} & a_{31} & a_{32} & a_{33} & \cdots \\
s^{n-3} & a_{41} & a_{42} & a_{43} & \cdots \\
\vdots & \vdots & & & \\
s^1 & a_{n1} & & & \\
s^0 & a_{n+1\,1} & & &
\end{array}
$$

$$(6.19)$$

ただし

$$a_{31} = -\frac{1}{a_1}\begin{vmatrix} a_0 & a_2 \\ a_1 & a_3 \end{vmatrix},\ a_{32} = -\frac{1}{a_1}\begin{vmatrix} a_0 & a_4 \\ a_1 & a_5 \end{vmatrix},\ a_{33} = -\frac{1}{a_1}\begin{vmatrix} a_0 & a_6 \\ a_1 & a_7 \end{vmatrix},\ \cdots$$

$$a_{41} = -\frac{1}{a_{31}}\begin{vmatrix} a_1 & a_3 \\ a_{31} & a_{32} \end{vmatrix},\ a_{42} = -\frac{1}{a_{31}}\begin{vmatrix} a_1 & a_5 \\ a_{31} & a_{33} \end{vmatrix},\ a_{43} = -\frac{1}{a_{31}}\begin{vmatrix} a_1 & a_7 \\ a_{31} & a_{34} \end{vmatrix},\ \cdots$$

であり，$|\cdot|$ は行列 $[\cdot]$ の行列式である。

この配列を**ラウス配列表**といい，ラウス配列の第1列目の数列

$$\{a_0, \ a_1, \ a_{31}, \ a_{41}, \cdots, \ a_{n+11}\} \tag{6.20}$$

を**ラウス数列**と呼ぶ。ラウスの安定判別法は，以下のとおりである。

【**ラウスの安定判別法**】　特性方程式が式 (6.18) をもつ系が安定であるための必要十分条件は

（1）　特性方程式 (6.18) の係数 $a_i (i = 0, \ 1, \ \cdots n)$ が 0 でなくすべて同符号であること。

（2）　ラウス数列がすべて同符号であること。

また，ラウス数列の正負の符号の変化数に等しい数だけ，正の実部をもつ根が存在する点は重要である。

〔**2**〕　**フルビッツの方法**　この判別法も本質的には前述のラウス法と同じであるが，行列を使って端的にまとめられた方法である。いずれが簡単であるかは一概にはいえない。

係数がすべて 0 でなく，しかも，同一符号である特性方程式 (6.18) から以下の**フルビッツ行列**と呼ばれる行列 $(n \times n)$ を構成する。

$$H = \begin{bmatrix} a_1 & a_3 & a_5 & a_7 & & & 0 \\ a_0 & a_2 & a_4 & a_6 & & & 0 \\ 0 & a_1 & a_3 & a_5 & a_7 & & 0 \\ 0 & a_0 & a_2 & a_4 & a_6 & & \\ 0 & 0 & a_1 & a_3 & a_5 & & \\ 0 & 0 & a_0 & a_2 & a_4 & & \\ \vdots & & & & & & \\ 0 & & & a_0 & a_2 & & a_n \end{bmatrix} \Big\} n \tag{6.21}$$

$\underbrace{\qquad\qquad\qquad\qquad}_{n}$

フルビッツ行列から順次，以下の小行列式を計算する。

$$H_2 = \begin{vmatrix} a_1 & a_3 \\ a_0 & a_2 \end{vmatrix}, \quad H_3 = \begin{vmatrix} a_1 & a_3 & a_5 \\ a_0 & a_2 & a_4 \\ 0 & a_1 & a_3 \end{vmatrix}, \quad \cdots\cdots, \quad H_n = |H| \quad (6.22)$$

これら小行列式は**フルビッツ小行列式**と呼ばれる。

フルビッツの安定判別法は以下のとおりである。

【**フルビッツの安定判別法**】　式 (6.18) の特性方程式をもつ系が安定であるための必要十分条件は

(1) 特性方程式 (6.18) の係数 $a_i(i=0,\ 1,\ \cdots n)$ が 0 でなくすべて同符号であること。

(2) フルビッツ小行列式がすべて正であること。

ラウスの安定判別法のように，不安定となる特性根の数を知ることはできないが，フルビッツ行列の構成は容易であり，小行列式の計算は次数の低いところから始めればよい。もし一つでも小行列式の値が負になれば，系は不安定であり以後の計算は必要ない。

ここまでに説明した安定判別の方法は，制御系の特性方程式を直接扱う方法であり，この特性方程式が得られない場合にはこれらの方法は使えない。

一方，先に説明したように，開ループ伝達関数の周波数特性から閉ループ系の安定性を判定することが可能である。以下に示す安定判別法は，フィードバック作用を巧みに利用して，開ループ制御系の入出力特性から閉ループ制御系の安定判別を行う方法である。以下に示すナイキストの安定判別法はその一つである。

6.3.2　開ループ伝達関数の周波数特性から判定する方法

フィードバック制御系の**図 6.3** における一巡伝達関数 $G(s)H(s)$ の周波数特性を考える。このときナイキストの安定判別法[†]は以下のようにまとめられる。

---

† 正確には，ここでの説明は簡単化されたナイキストの安定判別法である。

118   6. 自動制御系の安定性

【ナイキストの安定判別法】
（1） 開ループ伝達関数 $G(s)H(s)$ の極に実部が正になるものがないことを調べる。
（2） 開ループ周波数伝達関数 $G(j\omega)H(j\omega)$ のベクトル軌跡を，ω を 0 から∞までの範囲で描く。
（3） このベクトル軌跡について，ω が 0 から $+\infty$ まで増加する向きにたどるとき，$(-1, j0)$ 点をつねに左に見て通れば安定，右側に見て通れば不安定である。

詳しい証明はここでは示さないが，6.2 節で取り上げた系の安定性に関する二つ目の例が，このナイキストの安定判別の方法について説明したものにあたる。

6.4 安　定　度

ここまで，フィードバック制御系が安定かどうかを判別する方法について述べてきた。特に，ナイキストの安定判別法では開ループ伝達関数のベクトル軌跡が，$(-1, j0)$ 点の右を見て通るか，左を見て通るかによって，閉ループ制御系が安定か否かを判定した。これは 6.2 節で説明した例でいえば，開ループ周波数伝達関数の位相が，180°遅れた周波数でゲインが 1 以下であれば閉ループ制御系は安定であり，1 以上であれ不安定であることに相当している。なお，位相が $-180°$ となる点を**位相交点**，そのときの角周波数を**位相交点周波数**と呼んでいる[2]。

一方，これが，ちょうど 1 のとき，つまり，$(-1, j0)$ の点を通るとき制御系は安定限界であり，制御量は振動を続ける。すなわち，たとえ安定であっても，その軌跡が $(-1, j0)$ 点から遠く離れているか接近しているかによって，安定の度合いが違ってくることになる。そこで，図 6.7 に示すように 180°遅れた周波数でのゲインを oc として，ゲイン 1 からの差を db 値で表したものを**ゲイン余裕** g_m と呼び式 (6.23) で表す。

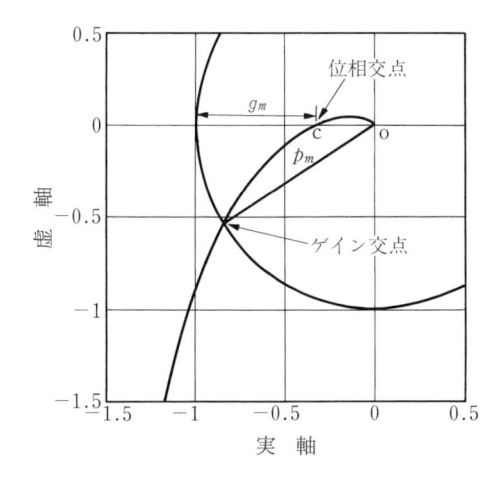

6.4 安定度

図 6.7 ゲイン余裕と位相余裕

$$g_m \text{[dB]} = 20 \log 1 - 20 \log \text{oc} = -20 \log \text{oc} = -20 \log |G(j\omega)| \tag{6.23}$$

一方，見方を変えれば，ベクトル線図が単位円と交わる点，すなわち，開ループ制御系のゲインが1となる点の位相角が，−180°までどのくらい余裕があるかによって安定の度合いが違ってくることになる。この余裕を**位相余裕** p_m と呼ぶ。p_m が大きくなればなるほど，安定度が増すことになる。位相余裕は式 (6.24) のように表される。

$$p_m = -\pi - \angle G(j\omega) \tag{6.24}$$

また，ベクトル線図が単位円と交わる点を**ゲイン交点**，そのときの周波数 ω_c を**ゲイン交差周波数**と呼ぶ。

なお，図 **6.7** のベクトル軌跡を描く MATLAB プログラムの一例は以下となる。

```
%  図6.7 ゲイン余裕と位相余裕
>>G=zpk([],[0 -1 -2],2);
>>[num den]=tfdata(G);
>>[re,im]=nyquist(num,den);
>>plot(re,im,'k-'),grid
```

120   6. 自動制御系の安定性

```
>>axis([-1.5,0.5,-1.5,0.5]);
>>hold on
>>xlabel('実軸','FontSize',10)
>>ylabel('虚軸','FontSize',10)
>>Title('図6.7 ゲイン余裕と位相余裕','FontSize',10)
>>t=0:pi/20:2*pi;
>>axis square
>>plot(sin(t),cos(t),'r')
>>gtext('¥Phim','FontSize',10)
```

　この安定余裕は，あればあるほどよいというものではなく，速応性や定常性など制御系の質に関係していて，一般に余裕がなくなればなくなるほど振動的な系となる。したがって，これら余裕は制御系の質の評価指標として，あるいは設計仕様として与えられる場合もある。これらについては7章で詳しく説明する。

　なお，ナイキスト線図で説明されたゲイン余裕あるいは位相余裕については，周波数特性を表す別の方法，例えば図 **6.8** のようにボード線図を用いても表現できる。すなわち，位相交差周波数あるいはゲイン交差周波数をボード

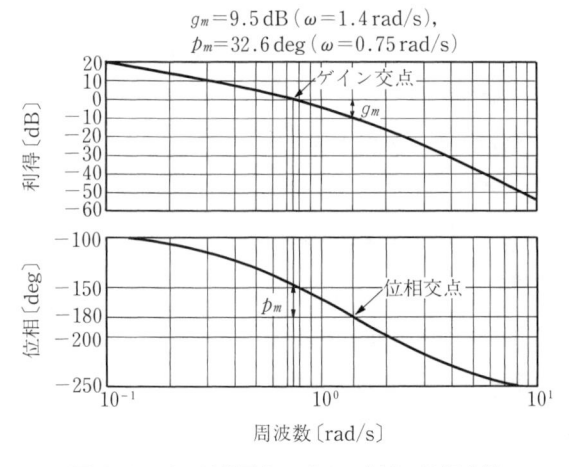

図 **6.8** ボード線図上のゲイン余裕と位相余裕

線図上に対応させれば，ゲイン余裕 g_m，位相余裕 p_m がそれぞれ求められる。特に，ゲイン余裕 g_m [dB] はボード線図から直接読み取れるので便利である。

図 **6.8** は MATLAB で作図でき，ゲイン余裕，位相余裕，ゲイン交点（周波数），位相交点（周波数）が計算できる。そのプログラム例を以下に示す。

```
%　図6.8　ボード線図上のゲイン余裕と位相余裕
>>G=zpk([],[0 -1 -2],2);
>>[num,den]=tfdata(G,'v');
>>w=logspace(-1,1,200);
>>[mag,phase,w]=bode(num,den,w);
>>grid on
>>margin(mag,phase,w);
>>title('図6.8　ボード線図上のゲイン余裕と位相余裕',
   'Fontsize',10)
>>xlabel('周波数(rad/sec)','FontSize',10)
>>ylabel('位相(deg)　利得(dB)','FontSize',10)
>>gtext('\Phim','FontSize',10)
>>gtext('gm','FontSize',10)
```

6.5 例　題

例題 6.1　図 **6.3** において

$$G(s) = \frac{1}{s^3 + 3s^2 + 2s + 1}, \quad H(s) = \frac{1}{s}$$

であるような制御系の安定判別をラウスの方法によって行え。

【解答】　系の開ループ伝達関数は

$$G(s)H(s) = \frac{q(s)}{p(s)} = \frac{1}{s(s^3 + 3s^2 + 2s + 1)}$$

であり，特性方程式は

6. 自動制御系の安定性

$1 + G(s)H(s) = p(s) + q(s) = 0$

より以下で与えられる。

$$s^4 + 3s^3 + 2s^2 + s + 1 = 0$$

特性方程式の係数には 0 はなく，すべて同符号であるから，ラウス配列表の式 (6.19) を構成する。

$$
\begin{array}{c|ccc}
s^4 & 1 & 2 & 1 \\
s^3 & 3 & 1 & 0 \\
s^2 & -\dfrac{1}{3}\begin{vmatrix}1&2\\3&1\end{vmatrix}=\dfrac{5}{3} & -\dfrac{1}{3}\begin{vmatrix}1&1\\3&0\end{vmatrix}=1 & \\
s^1 & -\dfrac{3}{5}\begin{vmatrix}3&1\\\dfrac{5}{3}&1\end{vmatrix}=-\dfrac{4}{5} & & \\
s^0 & \dfrac{5}{4}\begin{vmatrix}\dfrac{5}{3}&1\\-\dfrac{4}{5}&0\end{vmatrix}=1 & &
\end{array}
$$

このラウス配列表から以下のラウス数列が得られる。

$$\left\{1,\ 3,\ \frac{5}{3},\ -\frac{4}{5},\ 1\right\}$$

数列の負号は $+5/3$ から $-4/5$ へ，および $-4/5$ から $+1$ へと 2 回変化している。すなわち，この制御系の特性方程式は二つの実部が正である根を有しており，不安定であることがわかる。

MATLAB では多項式の根を求めるコマンドがあり，以下のようなプログラムで，特性根が得られる。

```
%   例題6.1  特性根の計算
>>p=[1 3 2 1 1]
>>r=roots(p)
>>r=
  -2.2056          %  特性根
  -1.0000
   0.1028+0.6655i
   0.1028-0.6655i
```

特性根の二つの複素根（たがいに共役）の実部が正であり，不安定になることが確かめられる。　　　　　　　　　　　　　　　　　　　　　　　　　◇

例題 6.2 例題 6.1 と同じ制御系に対して今度はフルビッツの安定判別を適用せよ。

【解答】 特性多項式
$$s^4 + 3s^3 + 2s^2 + s + 1 = 0$$
から，以下のフルビッツ行列を構成する。
$$H = \begin{bmatrix} 3 & 1 & 0 & 0 \\ 1 & 2 & 1 & 0 \\ 0 & 3 & 1 & 0 \\ 0 & 1 & 2 & 1 \end{bmatrix}$$
これから得られるフルビッツ小行列式の値を次数の低い順に調べると
$$H_2 = \begin{vmatrix} 3 & 1 \\ 1 & 2 \end{vmatrix} = 5, \ H_3 = \begin{vmatrix} 3 & 1 & 0 \\ 1 & 2 & 1 \\ 0 & 3 & 1 \end{vmatrix} = H_2 - \begin{vmatrix} 3 & 1 \\ 0 & 3 \end{vmatrix} = 5 - 9 = -4$$
であり，小行列式 H_3 が負となるのでこの系は不安定であり，当然ながらラウスでの判定結果と一致する。ここで，H_3 の計算は第 3 列について展開した。もちろん，$|H|$ の計算はもはや必要ない。 ◇

例題 6.3 開ループ伝達関数が
$$G(s)H(s) = \frac{k}{s(s+1)(s+2)}$$
であるような制御系において，k を変化させたときの安定性をナイキストの安定判別法によって検討せよ。

【解答】 開ループ伝達関数の極は $0, -1, -2$ であり，実部が正になるものはない。また，この周波数伝達関数は
$$G(j\omega)H(j\omega) = \frac{k}{j\omega(j\omega+1)(j\omega+2)}$$
$$= \frac{-3k}{(1+\omega^2)(4+\omega^2)} + j\frac{k(\omega^2-2)}{\omega(1+\omega^2)(4+\omega^2)}$$
であり，実軸との交点は上の式より $k(\omega^2-2)=0$ すなわち，$\omega=\sqrt{2}$ のときであり，その点は $\omega=\sqrt{2}$ を上式に代入して，$-k/6$ である。

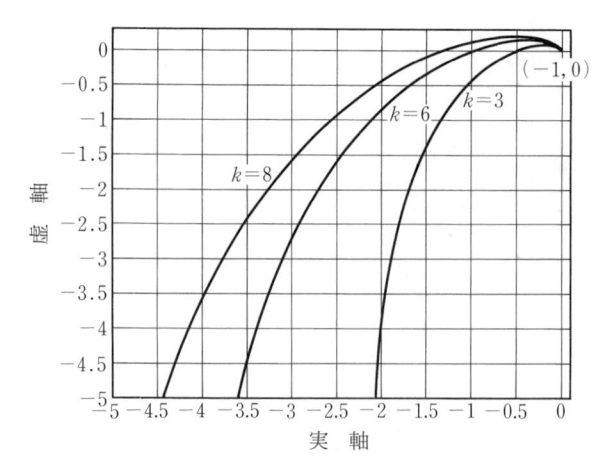

図 6.9 例題 6.3 のベクトル軌跡

$G(j\omega)H(j\omega)$ の $k=3, 6, 8$ として，ベクトル軌跡を描けば**図 6.9** のようになる。このベクトル軌跡からわかるように

（1） $0<k<6$

の範囲で，ω が増加する方向に向かって軌跡は $(-1, j0)$ の点をつねに左に見て通る。これが，先に述べた式 (6.9) の状況に相当している。

一方

（2） $k>6$

の場合，系は不安定であり，式 (6.11) に相当する。また

（3） $k=6$

の場合，系は安定限界であり，式 (6.10) に相当する。

このように，ナイキストの安定判別法は安定判別に加えて，安定性の度合いをも推定できる点が特性方程式などを用いる判別法と異なる点であり，利点でもある。

MATLAB を用いれば，系のベクトル軌跡を容易に描くことができる。**図 6.9** の軌跡は以下のプログラムで得られる。

```
%  例題6.3  ナイキストの安定判別法
>>G=zpk([],[0 -1 -2],3);
>>[num,den]=tfdata(G,'v');
>>[re,im]=nyquist(num,den);
>>plot(re,im,'k-'),grid
>>axis([-5,0.1,-5,0.3]);
```

6.5 例題

```
>>hold on
>>G=zpk([],[0 -1 -2],6);
%tf(G);
>>[num,den]=tfdata(G,'v');
>>[re,im]=nyquist(num,den);
>>plot(re,im,'k-'),grid
>>hold on
>>G=zpk([],[0 -1 -2],8);
%tf(G);
>>[num,den]=tfdata(G,'v');
>>[re,im]=nyquist(num,den);
>>plot(re,im,'k-'),grid
>>gtext('(-1,0)')
>>gtext('k=3')
>>gtext('k=6')
>>gtext('k=8')
>>title('図6.9 例題6.3のベクトル軌跡','FontSize',10)
>>xlabel('実軸','FontSize',10)
>>ylabel('虚軸','FontSize',10)
```

また，ボード線図を用いても同じように安定判別が可能であり，ゲイン余裕ある

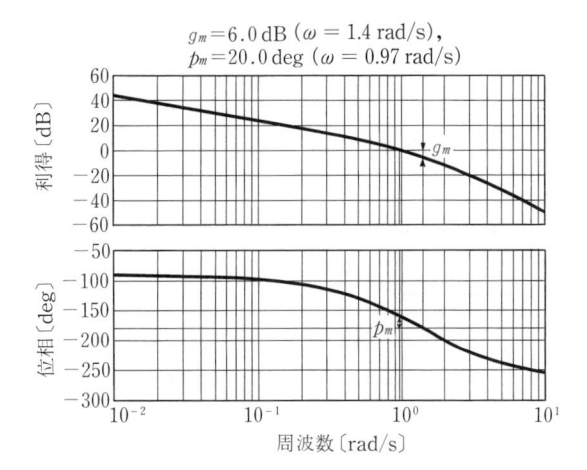

図 **6.10** ボード線図によるゲイン余裕と位相余裕

いは位相余裕を示してくれる（図 **6.10**）。このプログラムと計算結果を以下に示す。ただし，$k = 3$ の場合である。

```
%　例題6.3　ボード線図による安定判別法
>>G=zpk([],[0 -1 -2],3);
>>w=logspace(1,-1,200);
>>bode(G,w);
>>grid on
>>margin(G)
>>title('図6.10　ボード線図によるゲイン余裕と位相余裕',
    'FontSize',10)
>>xlabel('周波数(rad/sec)','FontSize',10)
>>ylabel('位相(deg)　利得(dB)','FontSize',10)
>>gtext('¥Phim','FontSize',10),gtext('gm',
    'FontSize',10)                                    ◇
```

演 習 問 題

【1】特性方程式が(1)，(2)で示される制御系の安定判別をラウス法によって行い，不安定の場合は不安定根の数を求めよ。
 (1) $s^3 + s^2 + 4s + 3 = 0$
 (2) $s^4 + 3s^3 + 2s^2 + s + 1 = 0$

【2】問題【1】の安定判別問題をフルビッツの方法で解け。

【3】問図 **6.1** の制御系の開ループ伝達関数 $G(s)H(s)$ の周波数特性を計算し，ナイキストおよびボード線図を描いて，このフィードバック制御系の安定判別を行え。

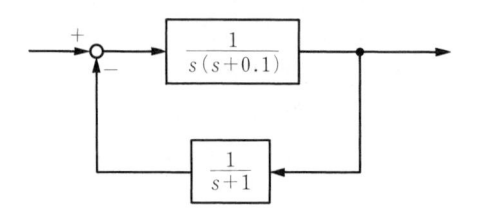

問図 **6.1**　問題【3】の制御系

【4】問図 **6.2** のフィードバック系の安定判別をつぎの手順に従って行え。

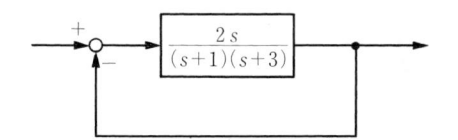

問図 **6.2** 問題【4】の制御系

(1) 閉ループ系の特性多項式を求め，その根を求めることによって判定せよ．

(2) ラウスの方法によって判定せよ．

【5】 制御系の開ループ伝達関数が
$$G(s) = \frac{k}{(1+0.4s)(1+0.1s)(1+0.05s)}$$
で与えられたとき，$k=8$，$k=16$ および $k=32$ の場合の制御系の安定判別を，ナイキストの方法を用いて行え．

【6】 つぎの特性方程式をもつ制御系が安定となる a，b の範囲を求めよ．

(1) $s^4 + 3s^3 + (a+4)s^2 + 5s + b = 0$

(2) $as^3 + 4s^2 + (b+3)s + 6 = 0$

【7】 開ループ伝達関数が
$$G(s)H(s) = \frac{ke^{-0.5s}}{s}$$
の直結フィードバック系がある．$G(s)H(s)$ ボード線図から閉ループ系の安定限界における k およびそのときの角周波数 ω_0 を求めよ．

7

フィードバック制御系の特性評価

フィードバック制御系の設計に際しては，安定であることが要求されるが，それだけでは十分ではない。4章で説明した過渡特性と本章で説明する定常特性が制御系の性能を評価する意味で考慮されなくてはならない。

目標値の変化，あるいは外乱入力に対する応答の速さ，すなわち**速応性**のよさや，行き過ぎが発生した場合にはなるべくこれを小さくし，すみやかに最終値に落ち着くこと，すなわち，**減衰性**も考慮しなくてはならない。これらはいずれも系の過渡特性に関係している。

一方，定常状態で目標値と制御量とが完全に一致することは珍しく，**残留偏差**が残るが，この残留偏差をできるだけ0に近づけることが要求される。これは系の定常特性によって決定される。以下に，過渡特性と定常特性の立場から制御系の特性評価について説明する。

7.1 過 渡 特 性

過渡特性を知るには，閉ループ制御系のステップ応答波形からが直感的で把握しやすい。いま，図 *7.1* の直結フィードバック制御系を考えよう。このとき，系の閉ループ伝達関数は

$$W(s) = \frac{G(s)}{1 + G(s)} \qquad (7.1)$$

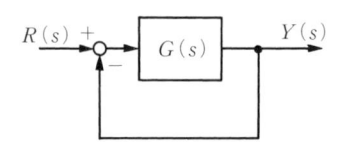

図 *7.1*　直結フィードバック系

7.1 過渡特性

で表される。

$W(s)$ の特性方程式は一般に n 次方程式であり，n 個の特性根が存在するが，すでに説明したように，応答特性に影響を与える特性根は複素平面上の最も原点に近い根である。この意味でこのような特性根は制御系の**代表根**と呼ばれる。したがって，閉ループ系の応答特性の概略を知るためにはこの代表根を考えればよい。いま式 (7.1) の代表根が

$$s_1, s_2 = -\alpha \pm j\beta \tag{7.2}$$

で表される共役複素根である場合を考えよう。このとき，式 (7.1) の閉ループ伝達関数は，つぎの 2 次遅れ系の標準形で近似されることになる。

$$W(s) = \frac{\omega_n^2}{s^2 + 2\zeta\omega_n s + \omega_n^2} = \frac{s_1 s_2}{(s - s_1)(s - s_2)} \tag{7.3}$$

ここで，式 (7.2) を式 (7.3) に代入すれば

$$W(s) = \frac{\alpha^2 + \beta^2}{(s + \alpha - j\beta)(s + \alpha + j\beta)} = \frac{\alpha^2 + \beta^2}{s^2 + 2\alpha s + \alpha^2 + \beta^2} \tag{7.4}$$

であるから，固有周波数 ω_n および減衰率 ζ と代表根との関係がつぎのように導かれる。

$$\omega_n = \sqrt{\alpha^2 + \beta^2}$$

$$\zeta = \frac{\alpha}{\sqrt{\alpha^2 + \beta^2}} = \frac{\alpha}{\omega_n} \tag{7.5}$$

代表根の複素平面上の配置の様子と式 (7.5) の関係を**図 7.2** に示す。同図からわかるように，固有周波数 ω_n は原点からの距離であり，減衰率 ζ が

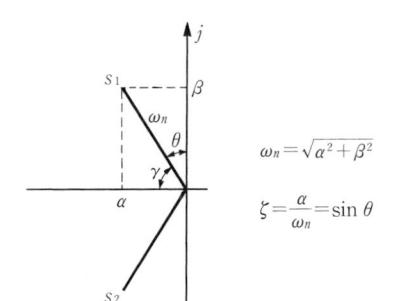

図 7.2 代表根の複素平面上配置

$\sin\theta$ となる関係にある。

式 (7.4) で近似された 2 次遅れ制御系の単位ステップ応答は，すでに与えたように

$$y(t) = 1 - \frac{e^{-\zeta\omega_n t}}{\sqrt{1-\zeta^2}} \cos\left(\sqrt{1-\zeta^2}\,\omega_n t - \mathrm{Tan}^{-1}\frac{\zeta}{\sqrt{1-\zeta^2}}\right) \quad (7.6)$$

であるから，2 次系の過渡特性は ζ と ω_n の関数となることがわかる。

図 7.3 は横軸を $\omega_n t$ とし，ζ をパラメータにしてこの応答を描いたものであるが，ζ が小さくなると振動が激しく，逆に大きすぎても応答に時間がかかり，制御量が目標値に到達するまでに時間がかかりすぎることがわかる。このように，ζ は**減衰性評価**の目安の一つとなる。

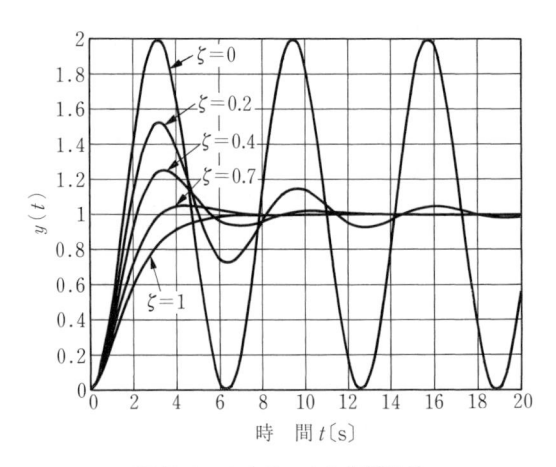

図 7.3 2 次系の ζ と過渡特性

さらに，**図 7.4** に示す以下の諸量も制御系の**減衰性**を定量的に評価するために利用される。

同図において**行き過ぎ量** θ_m はステップ応答の最大値であり，式 (7.4) で近似された 2 次遅れ制御系の場合

$$\theta_m = \exp\left(-\frac{\pi\zeta}{\sqrt{1-\zeta^2}}\right) \quad (7.7)$$

で与えられる（4 章 4.3 節参照）。

7.1 過渡特性

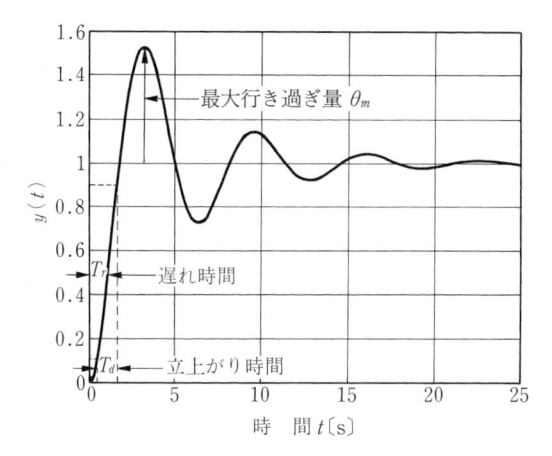

図7.4 過渡特性

式(7.7)からわかるように，行き過ぎ量 θ_m は ζ と密接な関係にあり，ζ が小さくなればなるほど θ_m は大きくなる。

同図における以下の諸量は，おもに制御系の**速応性**を定量的に評価するために利用される。

(1) T_d：**遅れ時間**　ステップ応答が最終値の 50％に至るまでの時間。

(2) T_r：**立上がり時間**　ステップ応答が最終値の 10％の値から 90％の値になるまでに要した時間。

(3) T_s：**整定時間**　ステップ応答が最終値の±5％になるまでの時間。

一般に，2次遅れ系のステップ応答の包絡線の振幅が，$e^{-\zeta\omega_n t}$ で表されるので，単位ステップ応答が最終値の±5％以内に収まるまでの時間は $e^{-\zeta\omega_n T_s} = 0.05$ から，ほぼ

$$T_s = \frac{3}{\zeta\omega_n} \tag{7.8}$$

で与えられることがわかる。

なお，同図の振動成分の包絡線が最終値の 63％となるまでの時間を**2次遅れ時定数** T_c と呼ぶことがある。時定数 T_c は上記過渡特性の包絡線 $e^{-\zeta\omega_n t}$ を用いて計算すれば

$$T_c = \frac{1}{\zeta\omega_n} \tag{7.9}$$

で与えられる。これも，速応性を評価するために利用される。

7.2 定 常 特 性

制御系の遅れ時間，立上がり時間あるいは減衰係数などで代表される過渡特性の評価に対して，定常特性を評価する尺度について考えよう。図 7.5 の制御系において，目標値 $R(s)$ の変化や外乱 $D(s)$ が加わったとき，制御量 $Y(s)$ は変化する。$Y(s)$ は最終的に目標値に完全に一致することが望ましいが，通常必ずしも一致しないのが普通である。

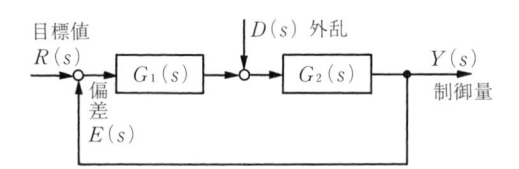

図 7.5 外乱を含む制御系

すなわち，式 (7.10) で定義される定常偏差 ε が生じることになる。

$$\varepsilon = \lim_{t\to\infty}\{r(t) - y(t)\} = \lim_{s\to 0} s\{R(s) - Y(s)\} \tag{7.10}$$

ここで，式 (7.10) の第 2 式はラプラス変換における最終値の定理を用いた表現である。目標値や外乱の変化がどのようであっても式 (7.10) を解けば定常偏差は求められるが，通常，目標値や外乱として単位ステップ信号や単位ランプ信号を選んで検討することが多い。以下，そのような信号に対する定常偏差について考えよう。

〔**1**〕 **定常位置偏差**　図 7.5 の制御系において，外乱がなくて〔$D(s) = 0$〕目標値がステップ状に変化した場合の定常偏差 ε_p は**定常位置偏差**と呼ばれる。すなわち，制御系の偏差は

$$E_p(s) = R(s) - Y(s) = R(s) - \frac{G_1(s)G_2(s)}{1 + G_1(s)G_2(s)}R(s)$$

7.2 定常特性

$$= \frac{1}{1 + G_1(s)G_2(s)} R(s) \qquad (7.11)$$

で与えられるから，$R(s) = 1/s$ とおいて式 (7.11) を用いれば定常位置偏差 ε_p は

$$\varepsilon_p = \lim_{t \to \infty} e(t) = \lim_{s \to 0} s E(s) = \lim_{s \to 0} \frac{1}{1 + G_1(s) G_2(s)} \qquad (7.12)$$

となる。ここで

$$K_p = \lim_{s \to 0} G_1(s) G_2(s) \qquad (7.13)$$

を定義すれば

$$\varepsilon_p = \frac{1}{1 + K_p} \qquad (7.14)$$

が得られ，この K_p は**定常位置偏差定数**と呼ばれる。式 (7.13)，(7.14) からもわかるように，定常位置偏差は制御系の開ループ伝達関数の利得が大きければ大きいほど小さくなる。また，開ループ伝達関数に積分要素 $1/s$ が含まれるとき，$K_p = \infty$ であるから定常位置偏差は 0 となることがわかる。

〔**2**〕 **定常速度偏差**　　外乱がなくて〔$D(s) = 0$〕，目標値が図 **7.6** のように一定速度で変化する信号に対する定常偏差 ε_v を**定常速度偏差**という。このように，一定速度で変化する信号は**ランプ信号**と呼ばれる。

定常速度偏差は，式 (7.11) においてランプ信号 $y(t) = t$ のラプラス変換

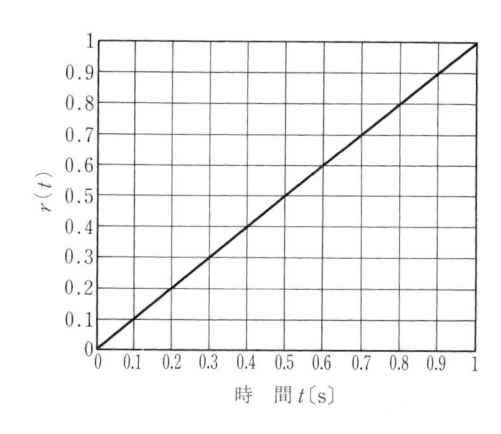

図 **7.6** ランプ信号

$1/s^2$ を $R(s)$ として代入すれば

$$\varepsilon_v = \lim_{t \to \infty} e(t) = \lim_{s \to 0} sE(s) = \lim_{s \to 0} \frac{s}{1 + G_1(s)G_2(s)} \frac{1}{s^2}$$
$$= \lim_{s \to 0} \frac{1}{G_1(s)G_2(s)} \frac{1}{s} \tag{7.15}$$

と計算できる。ここで

$$K_v = \lim_{s \to 0} s\, G_1(s)\, G_2(s) \tag{7.16}$$

とおくと，定常速度偏差は

$$\varepsilon_v = \frac{1}{K_v} \tag{7.17}$$

で表される。ここで，K_v は**定常速度偏差定数**と呼ばれる。

〔3〕 **制御系の形と定常偏差**　図 **7.5** に示した制御系における開ループ伝達関数 $G(s) = G_1(s)G_2(s)$ は，一般に式 (7.18) のような形をしていると考えてよい。

$$G(s) = \frac{K(b_0 s^m + b_1 s^{m-1} + \cdots + b_m)}{s^p(a_0 s^n + a_1 s^{n-1} + \cdots + a_n)}, \quad p + n \geq m \tag{7.18}$$

先に，定常偏差が制御系の開ループ伝達関数に大きく影響されることを述べたが，このことをもう少し詳しく検討しまとめておこう。

いま，式 (7.18) において，積分 $1/s$ のべき数 p による分類で**制御系の形**を定義する。すなわち，$p = 0$ のとき **0 形**，$p = 1$ ならば **1 形**，$p = n$ ならば **n 形**の制御系というように呼ぶ。このように制御系の形を分類すれば，定常偏差係数と制御系の形との関係が以下のようにまとめられる。

（1）　0 形（$p = 0$）の場合

$$K_p = \lim_{s \to 0} G(s) = K\frac{b_m}{a_n} \tag{7.19}$$

$$K_v = \lim_{s \to 0} s\, G(s) = 0 \tag{7.20}$$

（2）　1 形（$p = 1$）の場合

$$K_p = \lim_{s \to 0} G(s) = \infty \tag{7.21}$$

$$K_v = \lim_{s \to 0} s\, G(s) = K \frac{b_m}{a_n} \qquad (7.22)$$

である。**表7.1**は制御系の形と偏差との関係をまとめたものである。

表7.1 定常偏差と制御系の形

制御系の形	定常位置偏差	定常速度偏差
0	$1/(1+K_p)$	∞
1	0	$1/K_v$

7.3 過渡特性と周波数特性の関係

　過渡特性から，減衰性，速応性を知ることは時間の経過に伴う制御量の変化を観測することであり，現実的であり制御系の性能を判断しやすい。一方，制御系の特性は周波数特性を測定するほうが容易であり，制御系の設計も周波数特性に基づく方法が広く使われている。したがって，7.2節で述べた過渡特性と周波数特性の間の関係を明らかにすれば，時間応答特性によって与えられる制御系の特性を周波数領域での特性として考えることができる。

　最初に，2次遅れ系で近似された閉ループ系の周波数特性（最大ゲイン M_p とそれを与える周波数 ω_p）が，制御系の過渡特性（減衰係数 ζ と固有周波数 ω_n）と密接に関係していることを述べよう。

　いま，**図7.1**に示した単一フィードバック制御系に対する閉ループ伝達関数が2次遅れ系で近似されるものとすれば，その周波数伝達関数は式 (7.3) より式 (7.23) のようになる。

$$W(j\omega) = \frac{\omega_n^2}{(j\omega)^2 + 2\zeta\omega_n(j\omega) + \omega_n^2} \qquad (7.23)$$

ここで，上式の分母分子を ω_n で割り，$u = \omega/\omega_n$ とおいてこの式を変形すれば

$$W(j\omega) = \frac{1}{1 - u^2 + 2j\zeta u} \qquad (7.24)$$

となるから，閉ループ周波数伝達関数の大きさ $|W(j\omega)| = M$ と偏角 ϕ は

$$M = \frac{1}{\sqrt{(1-u^2)^2 + 4\zeta^2 u^2}} \qquad (7.25)$$

$$\phi = \angle W(j\omega) = -\tan^{-1}\left(\frac{2\zeta u}{1-u^2}\right) \qquad (7.26)$$

である．

図 7.7 は式 (7.23) の周波数特性をボード線図に表したものであるが，この閉ループ周波数特性で重要なのは，大きさ M の最大値 M_p とそのときの周波数 ω_p である．そこで，以下これらの値と ζ, ω_n との関係を求めよう．

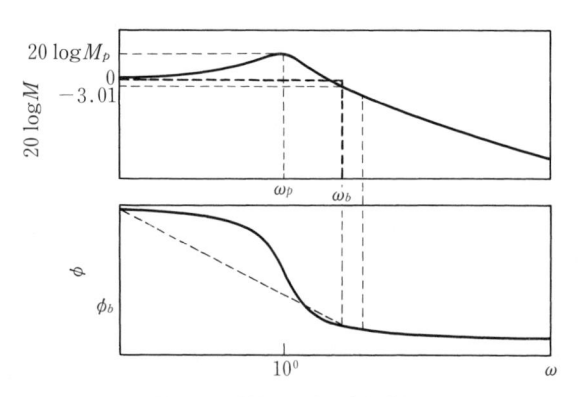

図 7.7 閉ループ周波数特性

まず，M が最大値をとるときの周波数 ω_p は u について式 (7.25) を微分し，それを 0 とおくことによって得られる．すなわち

$$\frac{dM}{du} = -\frac{4u^3 - 4u + 8u\zeta^2}{2(u^4 - 2u^2 + 1 + 4\zeta^2 u^2)^{3/2}} = 0 \qquad (7.27)$$

を u について解けば

$$u = \frac{\omega_p}{\omega_n} = \sqrt{1 - 2\zeta^2} \qquad (7.28)$$

が求められるので，ω_p は

$$\omega_p = \sqrt{1 - 2\zeta^2}\, \omega_n \qquad (7.29)$$

となる．ここで，ω_p は実数なので $1 - 2\zeta^2 \geq 0$ でなくてはならないから，最大値を示す ω の値は $\zeta \leq 1/\sqrt{2} = 0.707$ ではなくてはならないことがわか

7.3 過渡特性と周波数特性の関係

式 (7.28) を式 (7.25) に代入すれば，ゲインの最大値 M_p が以下のように求められる．

$$M_p = \frac{1}{2\zeta\sqrt{1-\zeta^2}} \qquad (7.30)$$

式 (7.30) は減衰係数 ζ と閉ループ系の最大ゲイン M_p との間の関係を与えており，ζ が小さくなるにつれて M_p が大きくなることを示している．図 **7.8** に ζ と M_p の関係を示した．

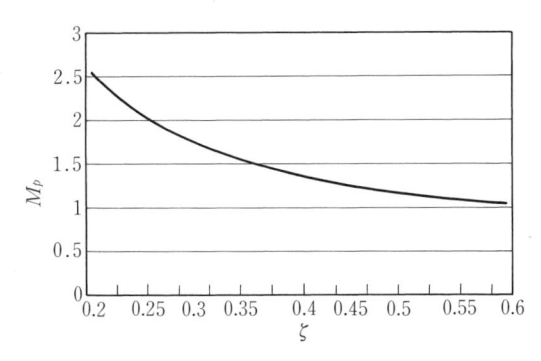

図 7.8 ζ と M_p の関係

つぎに，速応性の評価指標である遅れ時間 T_d および立上がり時間 T_r と周波数特性との関係を調べよう[1]．

いま，**図 7.1** で与えられる閉ループ制御系の周波数特性を**図 7.7** の太い点線のような理想的な周波数特性で近似して考える．すなわち，ゲイン特性は $\omega \leq \omega_b$ では $|G(j\omega)| = 1$ であり，$\omega > \omega_b$ になると急激に 0 になる．一方，位相特性は ω に対して比例しているものとする．同図において，ω_b は低周波域におけるゲインに対して $1/\sqrt{2}$ となる周波数であり，**帯域幅**と呼ばれる．このような周波数特性をもつ系は実際には存在しないが，理想フィルタとしてつぎのような周波数伝達関数で表現される系が知られている．

$$G_0(j\omega) = \begin{cases} e^{-j\omega\tau_0} & 0 \leq \omega \leq \omega_b \\ 0 & \omega > \omega_b \end{cases} \qquad (7.31)$$

ここで，τ_0 は**帯域幅** ω_b とそのときの位相 ϕ_b からつぎのように定義される定数である．

$$\tau_0 = \frac{\phi_b}{\omega_b} \tag{7.32}$$

この理想フィルタの単位ステップ応答は式 (7.33) で与えられる[2]．

$$y(t) = \frac{1}{2} + \frac{1}{\pi} S_i\{\omega_b (t - \tau_0)\} \tag{7.33}$$

ただし，$S_i\{x\}$ は積分正弦波関数と呼ばれる関数で

$$S_i\{x\} = \int_0^x \frac{\sin \xi}{\xi} d\xi = \int_0^x \left(1 - \frac{\xi^2}{3!} + \frac{\xi^4}{5!} - \cdots\right) d\xi$$

を表す．式 (7.33) を計算した結果の概略図を示せば，**図 7.9** のようになる．

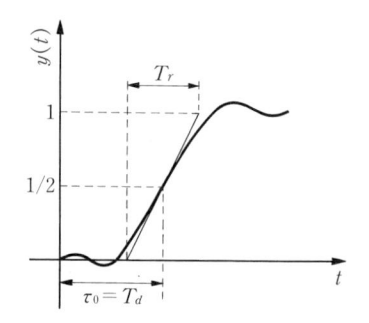

図 7.9 理想フィルタのステップ応答波形

同図において $y(t) = 1/2$ になる時刻は式 (7.33) より $t = \tau_0$ のときであり，この τ_0 がステップ応答で遅れ時間 T_d に相当することがわかる（T_d の定義参照）．すなわち，式 (7.32) から，遅れ時間 T_d は式 (7.34) で与えられる．

$$T_d = \tau_0 = \frac{\phi_b}{\omega_b} \tag{7.34}$$

つぎに，立上がり時間 T_r と周波数応答との関係を調べよう．立上がり時間は，ステップ応答が最終値の 10％ の値から 90％ の値になるまでに要した時間であるが，ここでは，$t = \tau_0$ における接線がステップ応答の初期値および最終値と交わる点を求め，2 点間の時間で立上がり時間 T_r を近似しよう．式

(7.33) の直線近似（t の 1 次関数近似）であるから，積分正弦波関数，$S_i\{x\}$ の級数の第 1 項のみとする．すなわち，ステップ応答は

$$y(t) = \frac{1}{2} + \frac{1}{\pi} \int_0^{w_b(t-\tau_0)} d\xi = \frac{1}{2} + \frac{1}{\pi}\{\omega_b(t-\tau_0)\} \qquad (7.35)$$

で近似されるから，$y(t) = 0$ および $y(t) = 1$ となる時刻を求めれば，以下が得られる．

$$y(t) = \begin{cases} 0 & t_0 = \tau_0 - \dfrac{\pi}{2\omega_b} \\ 1 & t_1 = \tau_0 + \dfrac{\pi}{2\omega_b} \end{cases} \qquad (7.36)$$

式 (7.36) より，2 点間の時間は π/ω_b である．すなわち，立上がり時間 T_r とフィードバック系の周波数特性における帯域幅 ω_b との関係が式 (7.37) で近似される．

$$T_r = \frac{\pi}{\omega_b} \qquad (7.37)$$

以上の結果，閉ループ系の周波数特性，すなわち帯域幅 ω_b とそのときの位相角 ϕ_b が得られれば，対応するステップ応答の遅れ時間 T_d と立上がり時間 T_r の概略値を知ることができる．特に，式 (7.34) と式 (7.37) は制御系の周波数特性上の帯域幅 ω_b が広ければ広いほど遅れ時間は短く，かつ，立上がり時間も速いことを示している．

なお，帯域幅のかわりにゲイン交点周波数 ω_c が用いられる場合がある．

7.4 閉ループ周波数特性と開ループ周波数特性の関係

7.3 節では，閉ループ制御系の速応性あるいは減衰性などの過渡特性がその周波数特性から推測できることを示したが，ここでは，閉ループ制御系の周波数特性が開ループ系の周波数特性から導かれることを示す．これは，閉ループ系の安定性あるいは安定度を知るのに，開ループ系周波数特性が利用できるという 6 章 6.2 節の説明の延長線上にある．

さて，図 7.1 の開ループ周波数伝達関数を $G(j\omega) = x(\omega) + jy(\omega)$ として，その閉ループ周波数伝達関数 $W(j\omega)$ を考えれば以下となる。

$$W(j\omega) = \frac{G(j\omega)}{1 + G(j\omega)} = \frac{x + jy}{1 + x + jy} = M \angle \phi \qquad (7.38)$$

いま，$\omega = \omega_1$ における式 (7.38) の関係を複素平面上に表現したものが図 7.10 である。

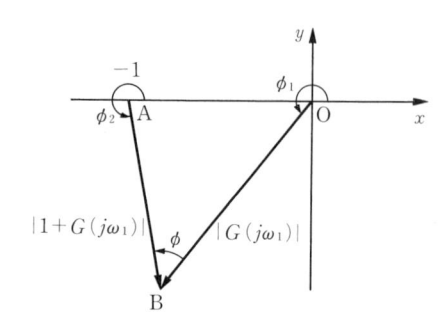

図 7.10 開ループと閉ループ周波数伝達関数の関係

同図において $\text{OB} = |G(j\omega_1)|$，$\text{AB} = |1 + G(j\omega_1)|$ であり，$\phi = \angle G(j\omega_1) - \angle(1 + G(j\omega_1))$ であるから，閉ループ系の周波数特性をつぎのように求めることができる。

$$|W(j\omega_1)| = M = \frac{\text{OB}}{\text{AB}}, \quad \angle W(j\omega_1) = \phi = \phi_1 - \phi_2 \qquad (7.39)$$

式 (7.39) は，開ループ系と閉ループ系の周波数特性を結び付ける関係式である。いま，式 (7.39) において閉ループ周波数特性のゲインが一定となるような，言い換えれば，OB と AB の比が一定となるような x と y の対の集合を考えれば，円となることが導ける。すなわち，式 (7.38) より

$$|W(j\omega)| = \sqrt{\frac{x^2 + y^2}{(1 + x)^2 + y^2}} = M \quad (\text{一定}) \qquad (7.40)$$

となる座標 (x, y) の集合は，式 (7.40) を式 (7.41) のように変形すれば

$$\left(x + \frac{M^2}{M^2 - 1}\right)^2 + y^2 = \frac{M^2}{(M^2 - 1)^2} \qquad (7.41)$$

となり，複素平面上の中心座標 $(-M^2/(M^2 - 1),\ 0)$，半径 $|M/(M^2 - 1)|$

7.4 閉ループ周波数特性と開ループ周波数特性の関係

の円であることがわかる。そこで，M をパラメータとして，複素平面上にこの円群を描いておく。この円群に開ループ系 $G(j\omega)$ の周波数特性であるベクトル軌跡を重ねて，各円との交点における ω と M とを読み取れば，閉ループ系のゲイン特性 $|W(j\omega)|$ を知ることができる。M が一定の軌跡は**等 M 軌跡**と呼ばれる。

等 M 軌跡上に開ループ系 $G(j\omega)$ のベクトル軌跡を重ねた一例を図 **7.11** に示し，この MATLAB プログラムの一例を以下に示す。

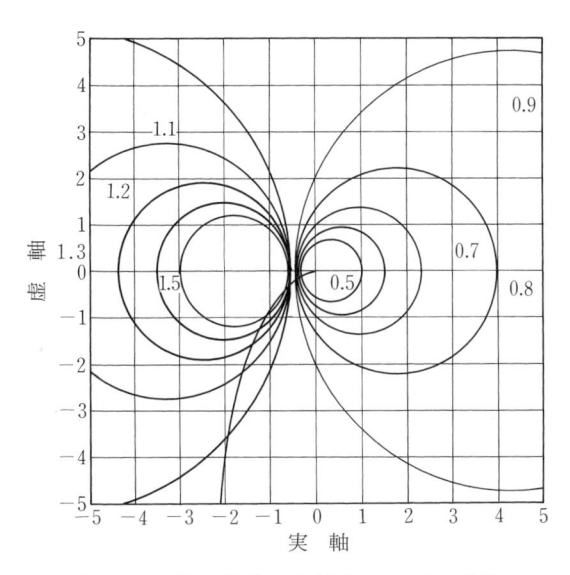

図 7.11 等 M 軌跡と $G(jw)$ のベクトル軌跡

```
%  図7.11 等M軌跡とG(jω)のベクトル軌跡
>>i=1
>>for M=0.5:0.1:1.5
>>d(i)=abs(M/(M^2-1));
>>c(i)=(M^2/(1-M^2));
>>t=0:pi/20:2*pi;
>>plot(c(i)+d(i)*sin(t),d(i)*cos(t),'r-')
```

142　7. フィードバック制御系の特性評価

```
>>axis square
>>hold on
>>axis([-5 5 -5 5])
>>i=i+1
>>end
>>num=5;
>>den=[0.5 1 0];
>>G=tf(num,den);
>>[re,im,w]=Nyquist(num,den);
>>plot(re,im,'k-')
>>hold on
>>grid
>>xlabel('Im'),ylabel('Re')
```

一方，$G(j\omega)$ の位相 $\angle G(j\omega)(\omega)$ が一定となる軌跡を考えよう．図 **7.10** において，弦 AB の張る円周角 ϕ が一定であるような軌跡は円であることから，$G(j\omega)$ の位相 $\angle G(j\omega)$ が一定となる軌跡は円であると理解できる．すなわち，式 (7.40) を

$$W(j\omega) = \frac{x+jy}{1+x+jy} = \frac{x^2+x+y^2+jy}{(1+x)^2+y^2} \tag{7.42}$$

と変形すれば，偏角 $\phi = \angle G(j\omega)$ は

$$\tan\phi = \frac{y}{x^2+x+y^2} \tag{7.43}$$

であり，$\tan\phi = N$ とおいて，両辺に x^2+x+y^2 を掛けて整理すれば，方程式 (7.44) を得る．

$$\left(x+\frac{1}{2}\right)^2 + \left(y-\frac{1}{2N}\right)^2 = \frac{1}{4}\frac{1+N^2}{N^2} \tag{7.44}$$

これは，複素平面上の中心座標 $(-1/2,\ 1/(2N))$，半径 $|(1/2)\sqrt{1+N^2}/N|$ の円である．複素平面上にあらかじめ N をパラメータとして描かれた N が一

7.4 閉ループ周波数特性と開ループ周波数特性の関係

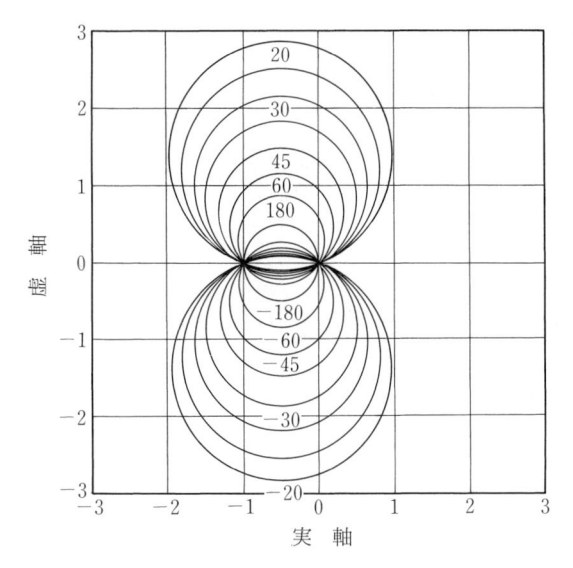

図 7.12 等 φ 軌跡

定の軌跡は，等 φ 軌跡あるいは等 N 軌跡と呼ばれる（図 7.12）。

等 φ 軌跡を用いて，開ループ特性から閉ループ特性を求める方法は等 M 軌跡の場合と同様である。MATLAB プログラム例は以下である。

```
%  図7.12  等φ軌跡
for i=2:1:9
    D1=1*(pi/i)
    N1=tan(D1)
    d(i)=(1/2)*(sqrt(1+N1^2)/N1)
    c(i)=1/(2*N1)
t=0:pi/20:2*pi;
plot(-(1/2)+d(i)*sin(t),c(i)+d(i)*cos(t),'-k')
axis square
 hold on
 axis([-3 3 -3 3])
end
```

```
for i=2:1:9
   D1=-1*(pi/i)
   N1=tan(D1)
   d(i)=(1/2)*(sqrt(1+N1^2)/N1)
   c(i)=1/(2*N1)
t=0:pi/20:2*pi;
plot(-(1/2)+d(i)*sin(t),c(i)+d(i)*cos(t),'-k')
  axis square
  hold on
  axis([-3 3 -3 3])
end
```

このように，等 M および等 N 軌跡上に $G(j\omega)$ のベクトル軌跡を重ねれば，開ループ系の特性から閉ループ系の周波数特性を知ることができるが，広い周波数範囲を考察する場合にはベクトル軌跡を描くよりもゲイン-位相線図のほうが優れている。そこで，等 M および等 N 軌跡のかわりに，ゲイン-位相線図上に

$20 \log |G(j\omega)|$ ；一定

$\angle G(j\omega)$　　　；一定

を表した曲線を描けば，**図 7.13** のようになる。これをニコルス線図と呼ぶ。このニコルス線図上に，開ループ系のゲイン-位相線図を重ね，等ゲイン，等位相の曲線と交わる点を読めば閉ループ系の周波数特性が得られる。

ニコルス線図は以下のような MATLAB コマンドで容易に描ける。

```
%   図7.13  ニコルス線図
ngrid
title('Nichols Chart')
```

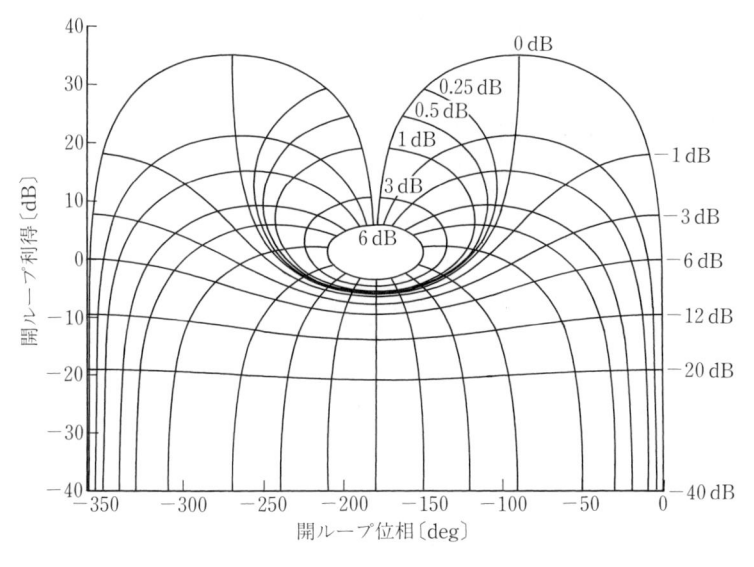

図 7.13 ニコルス線図

7.5 例題

例題 7.1 2次遅れ系の時定数が

$$T_c = \frac{1}{\zeta\omega_n}$$

で表されることを示せ。

【解答】 2次遅れ系の応答特性の包絡線は $1 \pm e^{-\zeta\omega_n t}$ で決まるので、1次遅れ系の場合と同様に考えて、$T_c = 1/(\zeta\omega_n)$ とおけば包絡線の最終値が 0.63 に至るまでの時間が T_c となる。　　　　　　　　　　　　　　　　　　　　　◇

例題 7.2 開ループ伝達関数がつぎのように与えられる直結フィードバック系の定常位置偏差 ε_p と定常速度偏差 ε_v を求めよ。

$$G(s) = \frac{s+10}{s(s+1)(s+2)}$$

【解答】 式 (7.12), (7.15) から系形は 1 形であり, 定常位置偏差 ε_p と定常速度偏差 ε_v は以下のように計算される.

$$\varepsilon_p(\infty) = \lim_{s \to 0} \frac{s}{1+G(s)} \frac{1}{s} = \lim_{s \to 0} \frac{s(s+1)(s+2)}{s(s+1)(s+2)+(s+10)} = 0$$

$$\varepsilon_v(\infty) = \lim_{s \to 0} \frac{(s+1)(s+2)}{s(s+1)(s+2)+(s+10)} = \frac{1}{5} \qquad \diamondsuit$$

例題 7.3 閉ループ伝達関数が

$$W(s) = \frac{1}{s^2 + 0.8s + 1}$$

である制御系の周波数特性が, 図 7.14 で与えられるとき, この図を利用して, 制御系のステップ応答の遅れ時間 T_d と立上がり時間 T_r の概略値を求めよ.

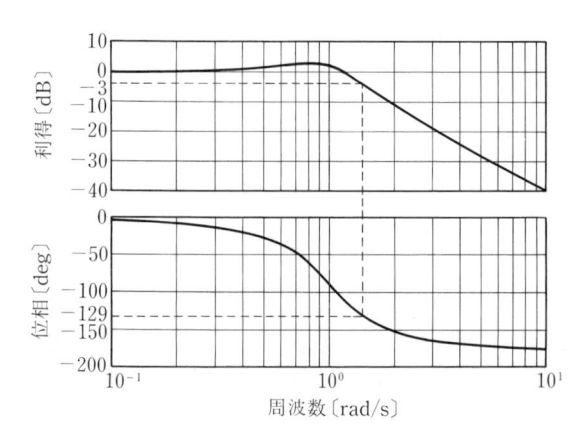

図 7.14 周波数特性

【解答】 同図より, ω_b と ϕ_b を読み取れば, $\omega_b = 1.5 \, [\text{rad/s}]$ と $\phi_b = -129° = -2.25 \, [\text{rad}]$ となる. これより, T_d, T_r の概略値は以下となる.

$$T_d = \frac{\phi_b}{\omega_b} = 1.5 \, [\text{s}]$$

$$T_r = \frac{\pi}{\omega_b} = 2.1 \,[\text{s}]$$

図 **7.15** は $W(s)$ のステップ応答波形である。これから得られる T_d, T_r を上記概略値と比較すれば，ほぼ一致していることが確かめられる。 ◇

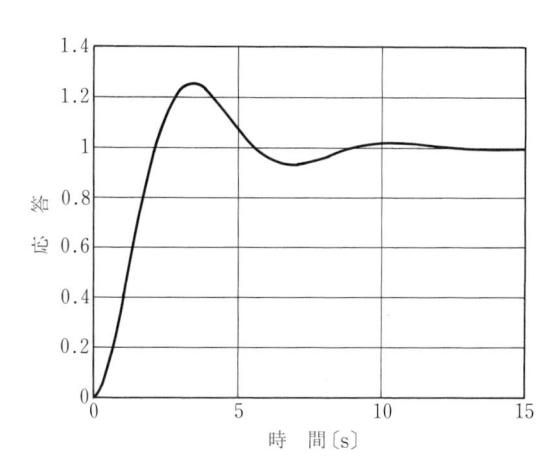

図 **7.15** 閉ループ系のステップ応答波形

例題 7.4 図 **7.1** の直結フィードバック系で

$$G(s) = \frac{1}{s(1+s)}$$

のとき，$\omega = 1$, 0.7 に対する閉ループゲイン，位相差をニコルス線図を用いて求めよ。

【解答】 ニコルス線図上に

$$G(j\omega) = \frac{1}{j\omega(1+j\omega)}$$

のゲイン位相図を描けば，図 **7.16** のようになる。

$\omega = 1$, $0.7\,\text{rad/s}$ の点は a 点, b 点であるから，それぞれの点の等ゲイン，等位相線の値を読み取れば以下となる。

$20\log W(j\omega)|_{\omega=1} = 0\,[\text{dB}]$

$\angle G(j\omega)|_{\omega=1} = -90\,[°]$

$20\log W(j\omega)|_{\omega=0.7} = 1.2\,[\text{dB}]$

$\angle W(j)|_{\omega=0.7} = -55\,[°]$

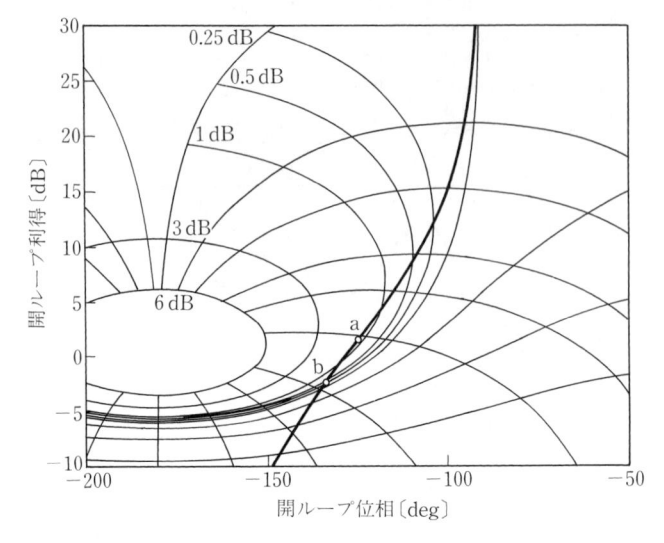

図 **7.16** ニコルス線図上のゲイン-位相線図

図 **7.16** を描く MATLAB プログラムを付記しておく。
```
%  図7.16  ニコルス線図上のゲイン-位相線図
>>G=zpk([],[0 -1],1);%Trnsferfunction
>>G1=tf(G)
>>[num,den]=tfdata(G)
>>nichols(G,'k-'),ngrid
>>hold on
>>for i=1:1:2
>>    if i=1
>>        w1=0.7
>>        end
>>    if i=2
>>        w1=1
>>        end
>>[mag,phase,w1]=nichols(num,den,w1)
>>   semilogy(phase,20*log10(mag),'r o')
>>   i=i+1
>>end
>>axis([-200,-50,-10,30])
```

```
>>hold on
>>gtext('a'),gtext('b')
>>gtext('0db'>>)
```
◇

演 習 問 題

【1】 問図 7.1 に示す制御系の一巡伝達関数 $G(s)$ のベクトル軌跡を実験値から問図 7.2 のように得た。このとき，閉ループ系の $r(t)$ に振幅値 1, $\omega = 0.3$ rad/s の正弦波入力信号を入れた場合の定常出力 $y(t)$ の振幅値と位相差を求めよ。

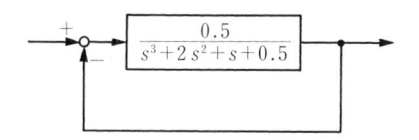

問図 7.1 問題【1】の制御系

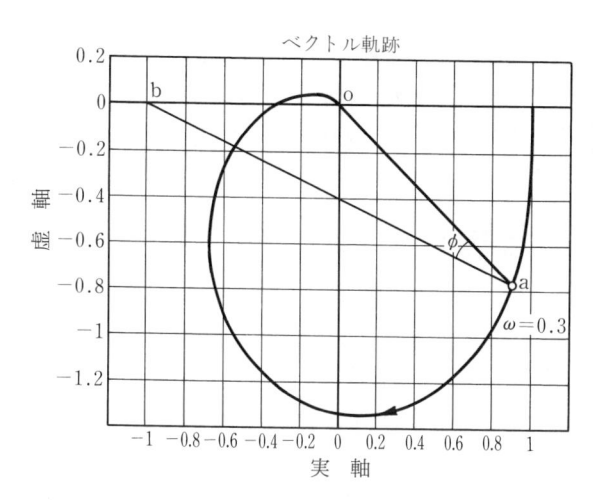

問図 7.2 $G(s)$ の周波数特性

【2】 問表 7.1，問表 7.2 を完成させて，等 M，等 N 軌跡を作成せよ。

【3】 制御系の開ループ伝達関数 $G(s)$ が

$$G(s) = \frac{5}{s(1+0.5s)}$$

7. フィードバック制御系の特性評価

問表 7.1 等 M 軌跡の中心座標および半径

M	中心座標	半 径	M	中心座標	半 径
0.5			1.1		
0.6			1.2		
0.7			1.3		
0.8			1.4		
0.9			1.5		
1.0			1.6		

問表 7.2 等 ϕ 軌跡の中心座標および半径

$N(\tan\phi)$	ϕ	中心座標	半 径	$N(\tan\phi)$	ϕ	中心座標	半 径
	-90				90		
	-70				70		
	-50				50		
	-45				45		
	-30				30		
	-20				20		

であるとき, 直結フィードバック系の $\omega = 1.5\,\text{rad/s}$ におけるゲインと位相差を, 等 M 軌跡と等 ϕ 軌跡を使って求めよ.

【4】 問図 7.3 のフィードバック制御系におけるゲイン余裕と位相余裕をボード線図を用いて求めよ. ただし, $T_L = 0.5\,[\text{s}]$, $T = 2\,[\text{s}]$, $k = 5.0$ とする.

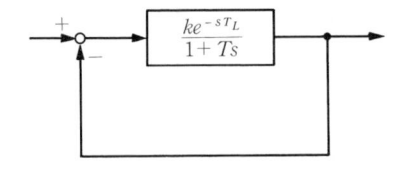

問図 7.3 問題【4】の制御系

また, k をいくらにすれば系は不安定となるか.

【5】 単一フィードバック系において, 前向き要素 $G(s)$ がつぎのように与えられる場合の定常位置偏差および定常速度偏差を求めよ.

$$G(s) = \frac{4}{s^2(1+0.1s)(1+s)}$$

$$G(s) = \frac{5}{s(1+0.1s)(1+s)}$$

【6】 問図 7.4 の制御系において目標値, 外乱がそれぞれステップ状に変化するも

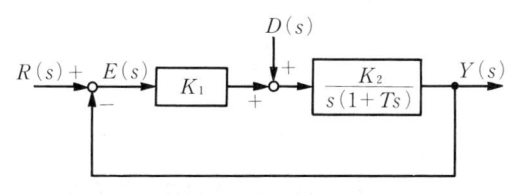

問図 7.4 問題【6】の制御系

のとして，目標値の変化による定常偏差と外乱の変化による定常偏差の相違点を示せ。

8

フィードバック系の設計

7章では,フィードバック制御系を評価する指標として,速応性,減衰性などの過渡特性あるいは,定常偏差定数などの定常特性が用いられることを述べ,これら指標と過渡応答特性および周波数特性との関係を明らかにした。フィードバック制御系を設計する際には,これら指標に基づく仕様が与えられるのが普通である。

本章では,このような設計指標を満たすフィードバック系をどのようにして設計すればよいかについて述べる。

8.1 制御系の設計仕様

さて,実際に与えられる仕様をもう一度まとめると以下の(1)〜(3)のようになる。

(1) 時間応答仕様として,7章の図 7.4 の時間応答波形における指標が与えられる。すなわち,行き過ぎ量 θ_m,遅れ時間 T_d,立上がり時間 T_r および整定時間 T_s などである。

また,制御系の定常特性としては整定時間とともに,定常偏差が重要であり,仕様としては7章の式 (7.14) の定常位置偏差あるいは式 (7.17) の定常速度偏差が与えられる。これら偏差は開ループ伝達関数の形によって決まることを7章 7.2 節で述べた。

(2) 周波数応答仕様として,7章の図 7.7 における閉ループ系の周波数特性,すなわち,最大ゲイン M_p と帯域幅 ω_b が与えられる。これらと時間応答波形との関係は 7 章 7.3 節で説明した。

また，6章で制御系の安定度を評価するために，開ループ伝達関数の周波数特性線図（ベクトル軌跡，ボード線図）上でゲイン余裕あるいは位相余裕を定義したが，これら余裕は閉ループ制御系の速応性や，定常性など閉ループ系の質に関係していることも述べた。一般に余裕がなくなればなくなるほど ζ は小さくなり，振動的な系となる。また，これら余裕と ζ との関係が明らかにされており[1]，ζ と最大ゲイン M_p との間には 7 章の式 (7.30) の関係があるから，M_p のかわりに位相余裕 p_m，あるいはゲイン余裕 g_m が与えられることもある。

(3) 極零点仕様，すなわち，特性根の配置による仕様設定としては7章の**図7.2**に示した閉ループ系の代表根 $s_1, s_2 = -\alpha \pm j\beta$ の配置を指定することになる。代表根の原点からの距離が時間応答波形の固有周波数 ω_n を，また，代表根の偏角を θ としたとき，$\sin\theta$ が減衰率 ζ を与えることを 7 章 7.1 節で説明した。

以上，閉ループ制御系の仕様について述べたが，これらを整理すると**表 8.1**のようになる。

表 8.1 制御系の設計仕様

要求特性	時間特性	周波数特性	代表根配置
減衰特性	θ_m	g_m, p_m, M_p	原点からの距離
速応特性	T_d, T_r	ω_b	$\sin\theta$
定常特性	$\varepsilon_p, \varepsilon_v$		

上記 (1)〜(3) の仕様表現はそれぞれ異なるが，これらの間には密接な関係があることはこれまでの説明で明らかであろう。

制御系設計の目安となる各指標パラメータの関係をまとめれば，**表 8.2** のようになり，その関係を図示すると**図 8.1**のようになる。

なお，各種の制御系に対しての望ましい過渡応答の形としては，**表 8.3** に示す値が一応の目安とされている。

表 8.2 過渡応答の形を指定する諸量間の関係

減衰率 ζ	共振値 M_p	行き過ぎ量 θ_m	位相余裕 p_m 〔deg〕
0.25	2.066	0.444	28.020
0.29	1.802	0.386	32.237
0.3	1.747	0.372	33.272
0.35	1.525	0.309	38.319
0.37	1.455	0.286	40.270
0.4	1.364	0.254	43.118
0.45	1.244	0.205	47.631

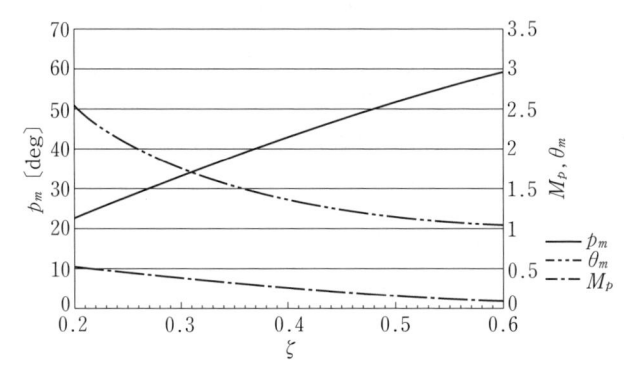

図 8.1 ζ と諸量の換算図

表 8.3 設計の目安となる各指標パラメータ[1]

	減衰率 ζ	共振値 M_p	行き過ぎ量 θ_m	位相余裕 p_m 〔deg〕
プロセス制御	0.29	1.802	0.386	32.237
自動調整系	0.37	1.455	0.286	40.270
サーボ機構	0.45	1.244	0.205	47.631

8.2 フィードバック制御系の設計

閉ループ制御系の仕様が与えられたら，つぎにこの仕様を満たすように制御系を設計することになる。この設計段階においては，開ループ伝達関数はわかっているものとする。そこで，開ループ伝達関数のゲインを調整したり，8.3 節で説明する補償要素を挿入したりして，閉ループ系の特性が与えられた仕様を満たすように，開ループ系を設計，改善する。

設計に際しては過渡特性から評価して
（1） 安定であること
（2） 定常偏差が小さいこと
（3） 過渡状態が良好なこと
が満足されることが必要である。

以下では，まず，周波数応答特性として仕様が与えられるものとして周波数領域での設計法について説明する。続いて，閉ループ制御系の極零点仕様，すなわち，ここでは系の代表根が仕様として与えられる場合の設計法について説明する。

8.3 周波数応答法

〔1〕 **ゲイン調整法**　最初に，開ループ伝達関数のゲインが調整できる場合を考えよう。この方法は，開ループ制御系内に含まれる変更可能なゲインを調整することによって，閉ループ制御系の仕様を満足させる最も簡単な設計法の一つである。ゲインを調整すると過渡特性と定常特性の両方が変化する。一般にはゲインが増加すると安定度は悪くなり，過渡特性は振動的になるが定常偏差は減少する。逆に，ゲインが減少すれば安定度はよくなるが，定常偏差は増大し系の速応性も悪くなる。このように，系の安定性と定常偏差はたがいに矛盾した関係にあるので，ゲイン調整のみで目的の性能を得ることは難しい。

7章7.2節で説明したように，一般には系が0形の場合には残留偏差を生じるので，まずこの量が所望の値となるようゲインを定め，つぎに，〔2〕で述べる補償要素を挿入して過渡特性を改善するのが一般的である。系が1形以上の場合には，残留偏差を生じないので安定度を第一に考えて，ゲインを調整する。ゲインの調整のみの場合には，系の開ループ伝達関数はゲインのみが変化して位相は変化しないことに注意すべきである。

ここでは，このゲインの調整をボード線図およびニコルス線図を用いて行う方法について説明する。

図 8.2 に示す制御系において，開ループ伝達関数のボード線図が図 8.3 の実線で示された特性をもつとしよう．この開ループ特性をもつ制御系は安定度の余裕はなく明らかに不安定である．そこで，図の点線のようにゲイン k を下げることによって，ゲイン特性を周波数特性に関係なく一様に下げることができて位相余裕 p_m が生じ，系は安定する．また，仕様として，開ループの位相余裕が与えられれば，所望の位相余裕 p_m をもつようゲイン k を調整することもできる．

図 8.2 調整可能なゲイン k を含む制御系

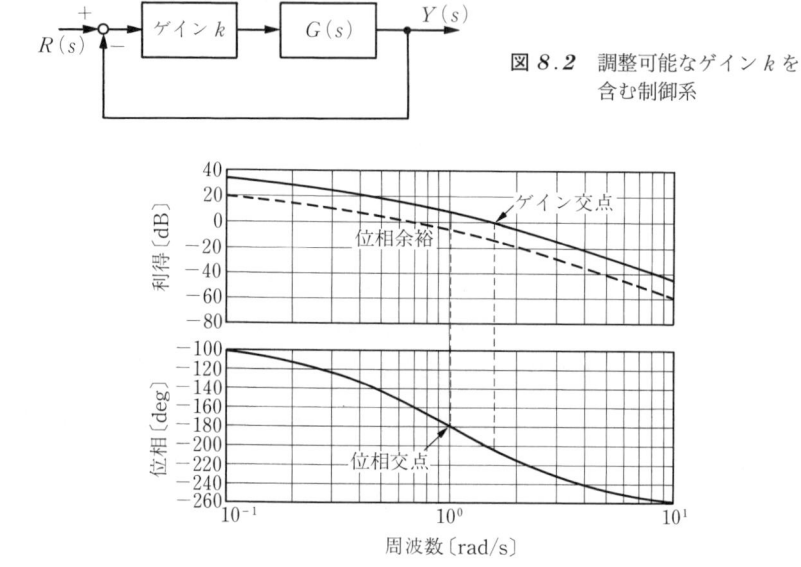

図 8.3 ゲイン調整による安定化

つぎに，仕様として，閉ループ周波数特性の最大ゲイン値 M_p が与えられた場合，ニコルス線図を用いて開ループ特性のゲインを決定する方法について考察しよう．M_p は閉ループ特性の減衰性（ζ）を支配する指標である．簡単な例題で説明しよう．いま，図 8.2 で示される閉ループ制御系で，$G(s)$ が

$$G(s) = \frac{1}{s(s+1)} \tag{8.1}$$

で与えられるものとして，$M_p = 1.3$ とするために必要なゲイン k を決定しよ

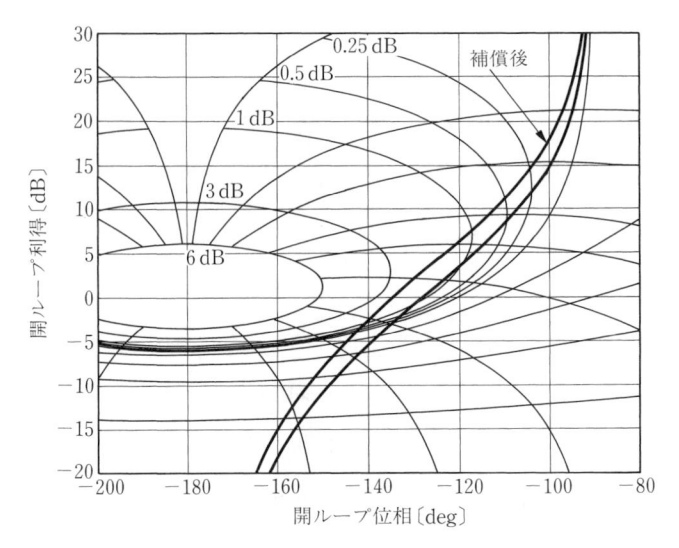

図 8.4 ニコルス線図を用いたゲイン調整

う．まず，$k=1$ として，ゲイン位相図をニコルス線図上に書くと図 8.4 のようになる．この様子を示す MATLAB プログラムを以下に示す．

```
% 図8.4 ニコルス線図を用いたゲイン調整
>>G=zpk([],[0 -1],1);         %Transferfunction
>>Gc=zpk([],[0 -1],1.4)
>>nichols(G,Gc);ngrid
>>axis([-200,-80,-20,30]);
>>gtext('補償後')
```

$G(s)$ の軌跡が $2.3\,\mathrm{dB}$ ($M=1.3$) に接するようにするには，いまより $3\,\mathrm{dB}$ だけ上げてやる必要がある．

$$20\log K = 3$$
$$k = 1.4$$

すなわち，図 8.2 において $k=1.4$ とすればよい．

同じ問題をボード線図を用いて解決しよう．

$M=1.3$ に対応する位相余裕 p_m は図 8.1 より $45.4°$ であるから，図 8.5

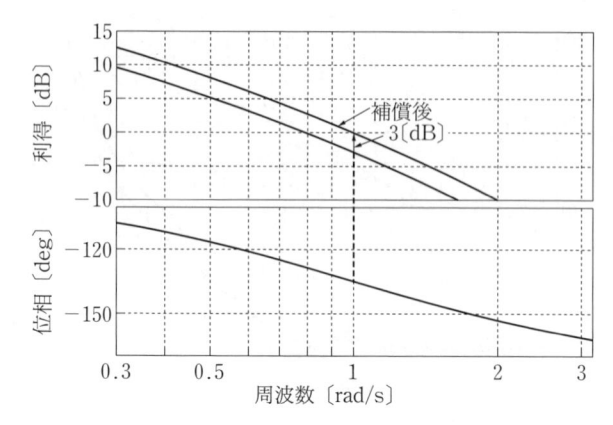

図 8.5 ボード線図を用いたゲイン調整

に示すように，$G(s)$ のボード線図上に位相余裕 $45.4°$ となるゲインは約 $3\,\mathrm{dB}$ となることがわかる．

図 8.5 は以下の MATLAB プログラムで得られる．

```
%   図8.5  ボード線図を用いたゲイン調整
>>w=logspace(-0.5,0.5,200)
>>G=zpk([],[0 -1],1)    %Transferfunction
>>bode(G,w)
>>hold on
>>G2=zpk([],[0 -1],1.4)
>>bode(G2,w)
>>gtext('補償後')
```

〔2〕**直列補償法** 上の例の場合，制御系は減衰特性にのみ，すなわち，減衰係数 ζ のみに着目して設計されている．先に述べたように系の速応性と定常偏差はたがいに矛盾した関係にあるので，〔1〕のようにゲイン調整のみで目的の性能を得ることは難しい．そこで，与えられた制御対象 $G_p(s)$ に対して，適当な補償回路（制御装置）$G_c(s)$ を付加し，合成された系が仕様を満足するように制御系を考える必要がある．

まず，直列補償法について考えよう．図 8.6 のように，制御対象に対して

図 8.6 直列補償 $G_c(s)$

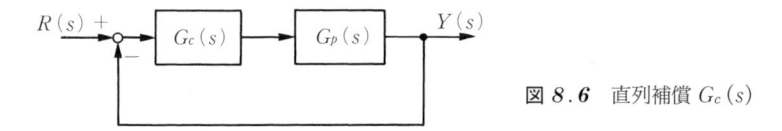

直列に補償回路 $G_c(s)$ を挿入する方式が直列補償法である。補償回路 $G_c(s)$ としては

1) 位相遅れ補償回路
2) 位相進み補償回路
3) 位相遅れ進み補償回路

がある。以下，これら補償回路を組み込んだ直列補償について説明する。

1) 位相遅れ補償回路　位相遅れ補償というのは，位相遅れ要素のゲイン特性が高い周波数領域において一様に低くなる性質を利用したもので，位相特性の遅れを利用したものではない。すなわち，この要素を挿入することによりゲインが高周波の帯域で低くなるから，系の帯域幅 ω_b を変えずにゲインを増大することができ，定常偏差を少なくするとともに，速応性も損なわないようにすることができるのである。帯域幅 ω_b が系の速応性を決定することは 7 章 7.3 節で述べたとおりである。

さて，遅れ回路の伝達関数は一般につぎのように表される[2]。

$$G_c(s) = \frac{1 + T_1 s}{1 + \beta T_1 s} \quad (\beta > 1) \tag{8.2}$$

電気回路によって位相遅れ要素を表せば，**図 8.7** のようになる。

同図において，入力 E_i と出力 E_0 との関係を示す伝達関数は

$$G_c(s) = \frac{E_0}{E_i} = \frac{1 + R_1 C_1 s}{1 + (R_1 + R_2) C_1 s} \tag{8.3}$$

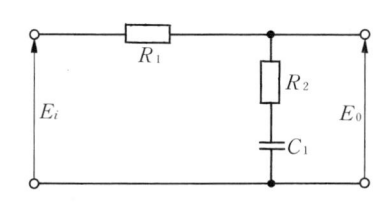

図 8.7　位相遅れ補償回路

となり

$$\beta = \frac{R_1 + R_2}{R_1}, \quad T_1 = R_1 C_1 \tag{8.4}$$

とすれば，式 (8.2) の位相遅れ回路になっていることがわかる．**図 8.8** に $G_c(s)$ のボード線図を示した．ゲイン特性は，低い周波数では β の値にかかわらず 0 dB と一定であるが，高い周波数では，一様に $20\log\beta$〔dB〕だけ下がっている．

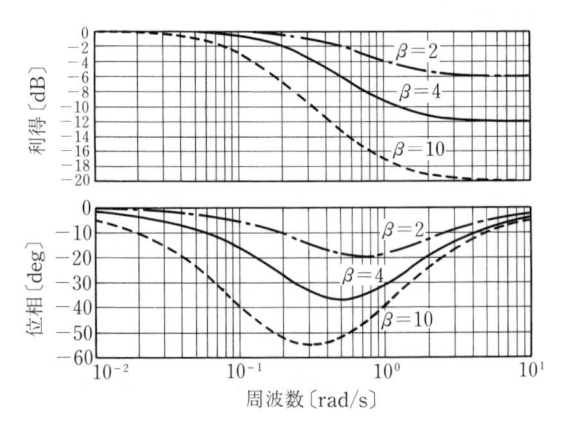

図 8.8 位相遅れ補償回路のボード線図

図 8.8 のボード線図を描く MATLAB プログラム例を以下に示す．

```
%   図8.8  位相遅れ補償回路のボード線図
Gc1=tf([1 1],[2 1])    %T=1,b=2
Gc2=tf([1 1],[4 1])    %T=1,b=2
Gc3=tf([1 1],[10 1])   %T=1,b=10
bode(Gc1,'k--',Gc2,'k-',Gc3,'k:')
gtext('b=2')
gtext('b=4')
gtext('b=10')
```

いま，この要素において，T_1 を補償しなくてはならないプラント $G_p(s)$ の最大時定数よりもずっと大きく選ぶ．そうすると，この補償回路を組み込んだ

系の一巡伝達関数のゲイン特性は $\omega T_1 = 1$ すなわち，$\omega = 1/T_1$ 以上の周波数領域において，$20\log\beta$〔dB〕だけ一様に下げられることになる。そこで，ゲインを $20\log\beta$ だけ増加すると，一巡伝達関数のゲイン特性は，補償しない場合に比べて非常に低い周波数領域のみが $20\log\beta$〔dB〕だけ大きくなったことになる。位相特性は補償前に比べて，非常に低い周波数領域においてかなりの遅れを生じるが，その他の領域においては変化しない。

つまり，位相遅れ補償回路はごく低い周波数帯域におけるゲインを $20\log\beta$〔dB〕だけ引き上げる効果を生じる。これは定常特性，特に，サーボ機構では定常速度偏差の改善に利用される。ここで具体的な例を考えよう。

例題 8.1[2)] 図 **8.6** に示す制御系において

$$G_p = \frac{k}{s(0.01s^2 + 0.1s + 1)} \qquad (8.5)$$

であるとき，位相遅れ補償要素

$$G_c = \frac{5(0.896s + 1)}{4.48s + 1} \qquad (8.6)$$

を挿入した場合の応答特性を調べよう。ただし，位相余裕 $p_m = 40°$ ($M_p = 1.5$) とする。

【解答】 制御系の一巡伝達関数は

$$G_p(s)\, G_c(s) = \frac{k}{s(0.01s^2 + 0.1s + 1)} \frac{5(0.896s + 1)}{4.48s + 1} \qquad (8.7)$$

となるから，$k = 1$ として補償回路を組み込んだときの系のボード線図を描けば**図 8.9** のようになる。ボード線を描く MATLAB プログラムの例を以下に示す。

```
% 図8.9 位相遅れ補償
>>Gp=tf([1],[0.01 0.1 1 0])
>>Gc=tf([5*0.896 5],[4.48 1])
>>G=Gp*Gc
>>bode(Gp,'',G,'k-.');
>>grid
>>gtext('Gp')
>>gtext('補償後')
```

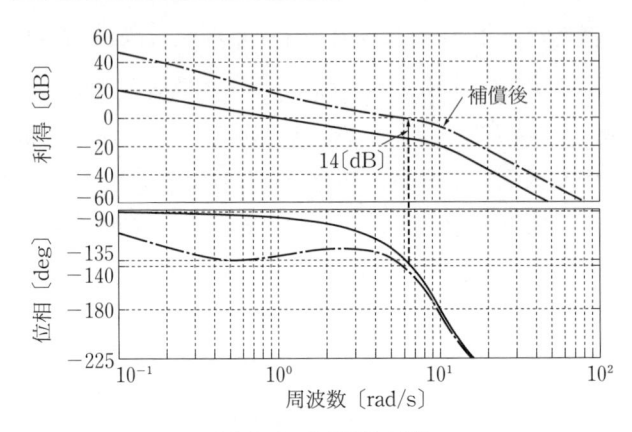

162　　8. フィードバック系の設計

図 *8.9*　位相遅れ補償

ここで，設計仕様として位相余裕 $p_m = 40°$ としているから，ゲインは 14 dB 必要である．したがって，補償後の制御系の一巡伝達関数は式 (8.7) において，$k = 5$ となる．

補償後のボード線図は図 *8.10* である．

図 *8.10*　補償後のボード線図

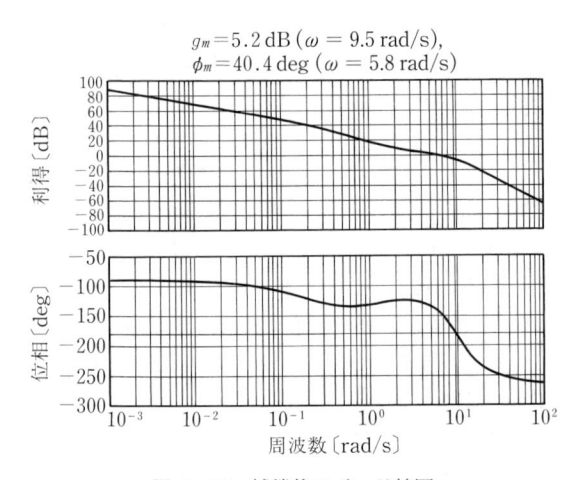

```
%　図8.10　補償後のボード線図
>>Gp=tf([5],[0.01 0.1 1 0])
>>Gc=tf([5*0.896 5],[4.48 1])
>>G=Gp*Gc
```

```
>>bode(G,'k')
>>grid
>>margin(G)
```

図 8.11 は補償前と補償後の閉ループ系のステップ応答を比較したものである。特に，この直列補償の様子を定常速度偏差でみれば，その効果がよくわかる。

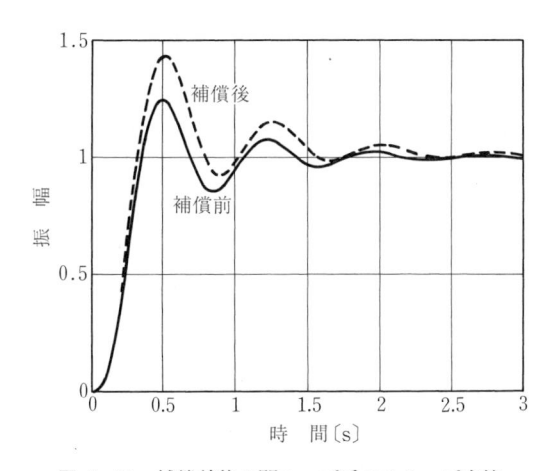

図 8.11　補償前後の閉ループ系のステップ応答

図 8.12 はこの様子を示している。これからもわかるように，位相遅れ補償によって定常速度偏差は著しく改善されることがわかる。

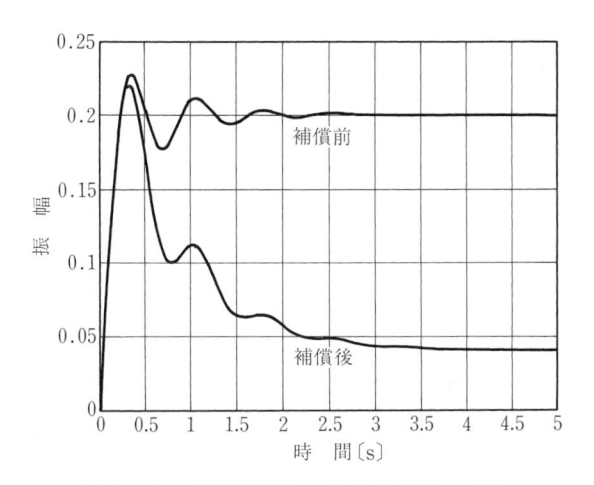

図 8.12　直列補償前後の定常速度偏差の変化

図 8.11 と図 8.12 を描く MATLAB プログラムはそれぞれ以下となる．

```
%  図8.11 補償前後の閉ループ系のステップ応答
>>Gp=tf([1],[0.01 0.1 1 0])
>>Gcd=5*tf([0.896 1],[4.48 1])
>>G1=feedback(5*Gp,1)         %補償前
>>G2=5*Gp*Gcd
>>G3=feedback(G2,1)           %補償後
>>step(G1,'k', G3,'r--'),grid
>>gtext('補償前')
>>gtext('補償後')


%  図8.12 直列補償前後の定常速度偏差の変化
>>Gp=tf([5],[0.01 0.1 1 0])
>>Gc=tf([5*0.896 5],[4.48 1])
>>G1=feedback(Gp,1)           %補償前
>>t=0:0.005:5;
>>u=(t);
>>[y1,u,t]=lsim(G1,u,t);
>>plot(u,u-y1,'r'), grid
>>hold on
>>G2=Gp*Gc                    %直列補償
>>G3=feedback(G2,1)           %補償後
>>t=0:0.005:5;
>>u=(t);
>>[y2,u,t]=lsim(G3,u,t);
>>plot(u,u-y2),grid
>>grid on
>>gtext('補償前')
>>gtext('補償後')                                       ◇
```

2) 位相進み補償回路　図 8.11 からわかるように，遅れ補償による速応性の改善はほとんどみられない．速応性を改善するためにはゲインを大きくして，ゲイン交点周波数 ω_c（帯域幅 ω_b）を高くする必要があるが，ゲインの

8.3 周波数応答法

み大きくしたのでは位相の変化はないわけだから当然位相余裕は減少し、はなはだしい場合は不安定にすらなってしまう。したがって、ゲインを大きくするだけでは速応性を改善することはできない。そこで、あらかじめ位相余裕が大きくなるよう位相を進めておけば、ゲインを引き上げることができゲイン交点周波数を高くできる。その結果、速応性を増すことができることになる。このように、あらかじめ位相を進めるような補償が位相進み補償である。

図 **8.6** のブロック図において、補償回路 $G_c(s)$ として位相進み補償回路が挿入される場合を考えよう。

一般に位相進み補償回路伝達関数 $G_c(s)$ は以下で与えられる[2]。

$$G_c(s) = \alpha \frac{1 + T_D s}{1 + \alpha T_D s} \tag{8.8}$$

遅れ補償回路と同様に、この伝達関数をもつ電気回路の例を示せば図 **8.13** のようになり、伝達関数は式 (8.8) において

$$\alpha = \frac{R_1}{R_1 + R_2}, \quad T_D = R_2 C_2 \tag{8.9}$$

とおいたもので、この場合は E_i に対する E_0 の伝達関数となる。

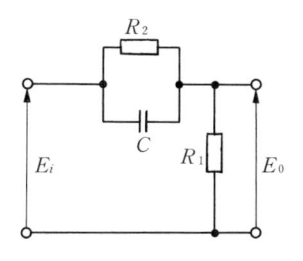

図 **8.13** 位相進み補償回路

いま、式 (8.8) のボード線図を描けば図 **8.14** となる。MATLAB プログラム例は以下である。

```
%  図8.14  位相進み補償回路のボード線図
%(1+sT)/1+a*sT
>>a1=0.1
```

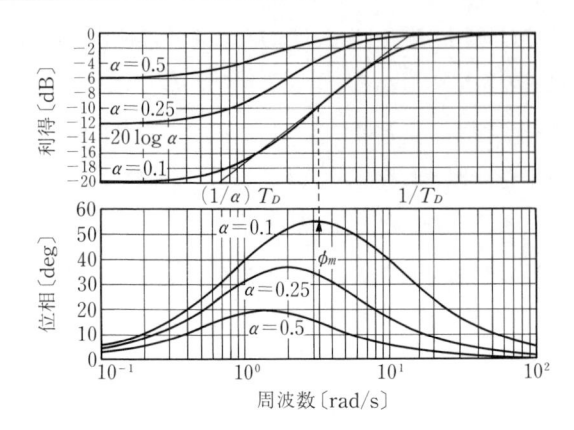

図 8.14 位相進み補償回路のボード線図

```
>>Gc1=tf([1 1],[a1 1])*a1    %T=1,a=0.1
>>a2=0.25
>>Gc2=tf([1 1],[a2 1])*a2    %T=1,a=0.25
>>a3=0.5
>>Gc3=tf([1 1],[a3 1])*a3    %T=1,a=0.5
>>bode(Gc1,Gc2,Gc3)
>>gtext('a=0.1')
>>gtext('a=0.25')
>>gtext('a=0.5')
```

図 8.14 において，ゲイン特性は高い周波数帯域では 0 dB であるが，低い周波数帯域では一様に $20 \log (1/\alpha)$ だけ低下し，この中間の周波数帯域において 20 dB/dec の傾斜を有し，この間に位相の進みを生じる．通常 α は 0.25 〜0.05 にとることが多い．また，図における ϕ_m を最大進み角といい α との間には以下の関係

$$\sin \phi_m = \frac{1-\alpha}{1+\alpha} \quad (8.10)$$

があり，ϕ_m を与える角周波数とは

$$\omega_0 T_D = \frac{1}{\sqrt{\alpha}} \tag{8.11}$$

のような関係となることが容易に導ける。したがって，設計仕様として最大進み角 ϕ_m と角周波数 ω_0 が与えられると，α と T_d を決定することができる。位相進み補償の例を示そう。

例題 8.2[2)]　例題 8.1 と同様のプラント系

$$G_p = \frac{k}{s(0.01s^2 + 0.1s + 1)}$$

において，今度は位相進み補償要素

$$G_c = \frac{0.185s + 1}{0.037s + 1}$$

を挿入したときの応答特性を調べる。ただし，位相余裕 $p_m = 40°\,(M_p = 1.5)$ は例題 8.1 と同様とする。

【解答】 $k = 1$ として補償後の系のボード線図を描けば**図 8.15** のようになる。MATLAB プログラム例は以下のようである。

図 8.15　進み補償後のボード線図

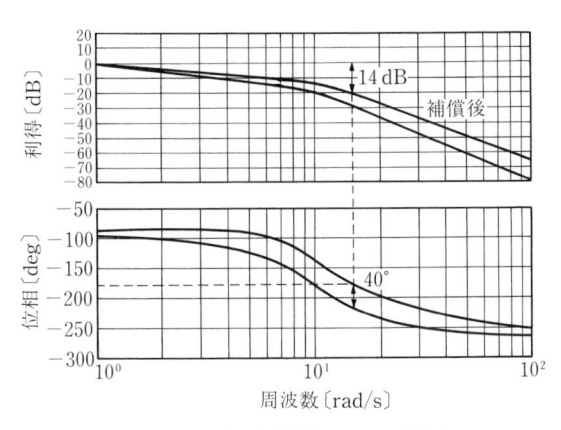

```
%  図8.15  進み補償後のボード線図
>>w=logspace(0,2,200)
>>Gp=tf([1],[0.01 0.1 1 0])
```

```
>>Gc=tf([0.185 1],[0.037 1])
>>G=Gp*Gc
>>bode(Gp,'k',G,'r',w)
>>gtext('Gp')
>>gtext('補償後')
```

位相余裕 $p_m = 40°$ としているから，ゲインは 14 dB 必要である．したがって，補償後の制御系の一巡伝達関数は約 $k = 5.1$ となる．

補償後の閉ループ系のステップ応答を図 **8.16** に示す．これからもわかるように，位相進み補償によって速応性は改善されることがわかる．

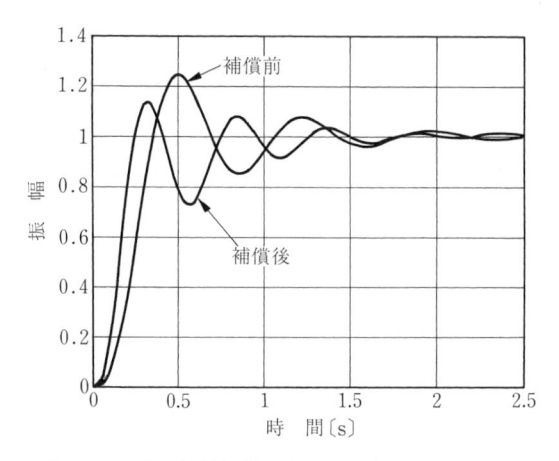

図 **8.16** 進み補償前後の閉ループ系のステップ応答

```
%  図8.16  進み補償前後の閉ループ系のステップ応答
>>Gp=tf([1],[0.01 0.1 1 0])
>>Gcl=tf([0.185 1],[0.037 1])
>>G1=feedBack(5*Gp,1)           %補償前
>>G4=5.1*Gp*Gcl
>>G5=feedBack(G4,1)             %補償後
>>step(G1,'k',G5,'r'),grid
>>gtext('補償前')
>>gtext('補償後')
```
◇

3) 位相遅れ進み補償回路　系の速応性と定常特性ともに改善するため

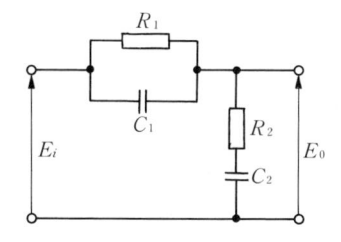

図 8.17 位相遅れ進み補償回路

に，先に述べた位相遅れ進み補償をともに直列補償回路として用いる．例えば，電気回路で示せば，図 8.17 のような回路である．

位相遅れ進み補償回路の伝達関数は一般に式 (8.12)

$$G_c(s) = \frac{(1 + \alpha_1 T_1 s)(1 + T_2 s)}{(1 + T_1 s)(1 + \alpha_2 T_2 s)} \quad (8.12)$$

あるいは

$$G_c(s) = \frac{(1 + \alpha T_1 s)(1 + T_2 s)}{1 + (T_1 + \alpha T_2)s + \alpha T_1 T_2 s^2} \quad (8.13)$$

で示され，同図の電気回路では式 (8.13) と以下の関係がある．

$$\alpha T_1 = R_1 C_1$$
$$T_2 = R_2 C_2$$
$$T_1 + \alpha T_2 = R_1 C_1 + R_1 C_2 + R_2 C_2$$
$$\alpha T_1 T_2 = R_1 C_1 R_2 C_2 \quad (8.14)$$

位相遅れ進み補償の効果を例を用いて示そう．

例題 8.3[2)] 例題 8.1 と同様のプラント系

$$G_p = \frac{k}{s(0.01s^2 + 0.1s + 1)} \quad (8.15)$$

において，位相遅れ進み補償要素を挿入した場合の応答特性を調べる．ただし，位相余裕 $p_m = 40°(M_p = 1.5)$ を前の例題と同様として，位相遅れ要素は例題 8.1 で用いた

$$G_c = \frac{5(0.896s + 1)}{4.48s + 1} \quad (8.16)$$

を，また位相進み要素は例題 8.2 と同様の

$$G_c = \frac{0.185s + 1}{0.037s + 1} \tag{8.17}$$

として，先の例題と比較する．

【解答】 $k=1$ とした補償器を挿入した後の系のボード線図は図 8.18 となる．

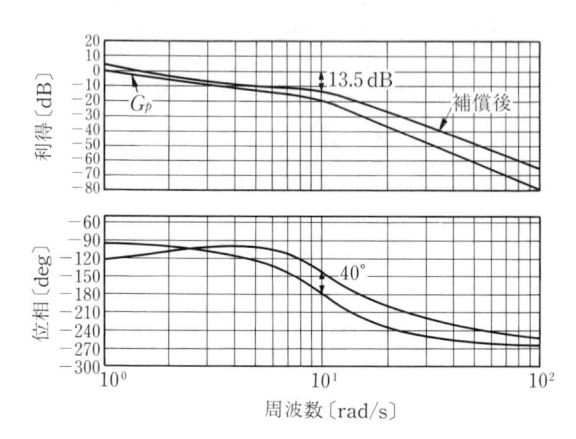

図 8.18 遅れ進み補償回路挿入時の
　　　　　開ループのボード線図

位相余裕を $p_m = 40°$ としているから，ここではゲインは 13.4 dB 必要である．すなわち，約 $k = 4.7$ である．なお，MATLAB プログラム例は以下である．

```
%　図8.18　遅れ進み補償回路挿入時の開ループのボード線図
>>Gp=tf([1],[0.01 0.1 1 0])
>>Gcd=5.1*tf([0.896 1],[4.48 1])
>>Gcl=tf([0.185 1],[0.037 1])
>>G=Gp*Gcd*Gcl
>>logspace(-2,3,300)
>>bode(Gp,G,w)
>>grid on
>>gtext('Gp')
>>gtext('補償後')
```

補償後の閉ループ系のステップ応答を図 8.19 にまとめて示してある．これからもわかるように，位相遅れ進み補償によって位相遅れあるいは進み補償を単独で使用したときに比べて，応答特性は改善されている． ◇

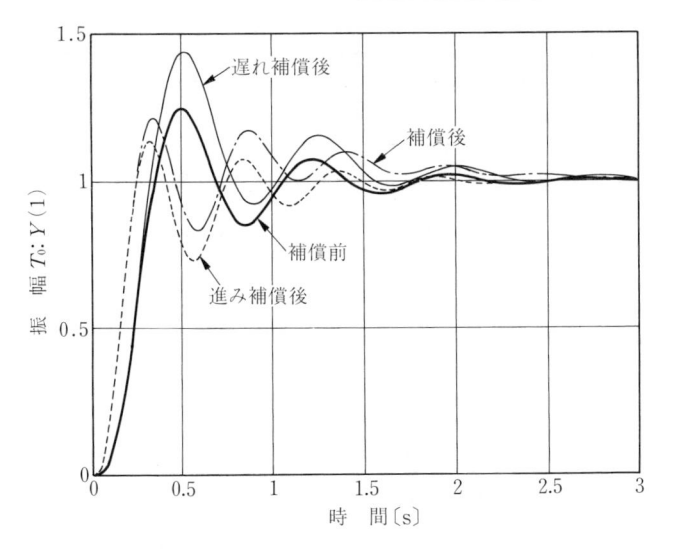

図 8.19 直列補償によるステップ応答波形の比較

〔**3**〕 **フィードバック補償法**　補償要素をプラントに直列に加えるかわりに，図 **8.20** に示すようにプラントの一部に，適当なフィードバック要素 $G_c(s)$ を加え，補償する方法もある．これをフィードバック補償と呼ぶ．

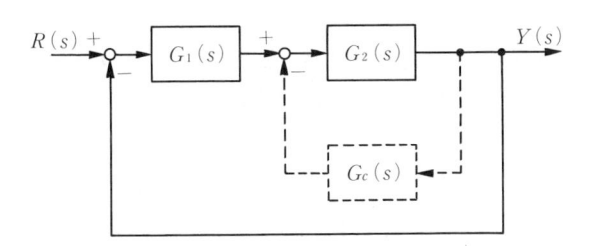

図 8.20 フィードバック補償

補償を行う前の開ループ伝達関数は

$$G_p(s) = G_1(s)G_2(s) \tag{8.18}$$

であり，フィードバック補償後の開ループ伝達関数が

$$G'(s) = G_1(s)\frac{G_2(s)}{1+G_2(s)G_c(s)} = \frac{1}{1+G_2(s)G_c(s)}\,G_p(s) \tag{8.19}$$

であるから，図 **8.21** に示すように，フィードバック補償の効果はもとのプ

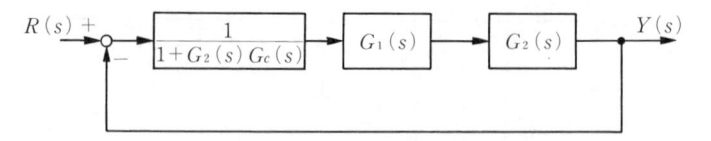

図 8.21 フィードバック補償と等価な直列補償

ラントに対して，$1/\{1+G_2(s)G_c(s)\}$ だけの直列補償をしたことに等価であることがわかる．したがって，フィードバック補償といっても特別な取扱いをする必要はなく，等価的にはすでに説明した，直列補償での取扱いと同様である．

例題 8.4[2] 図 8.22 のように，定数 k_2 によって，1次遅れ要素をフィードバックする場合の特性を調べる．

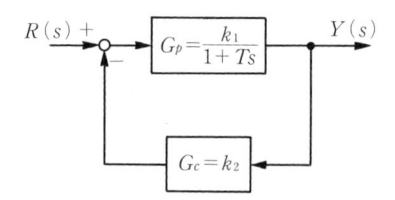

図 8.22 フィードバック補償の例

【解答】 図のように，1次遅れ要素 $G_p(s)=k_1/(1+Ts)$ に $G_c(s)=k_2$ のフィードバック補償を施すと，閉ループ系の伝達関数は

$$W(s)=\frac{G_p(s)}{1+G_c(s)G_p(s)}=\frac{k_1}{1+k_1k_2+Ts}$$
$$=\frac{k_1}{1+k_1k_2}\frac{1}{1+\{T/(1+k_1k_2)\}s} \quad (8.20)$$

となり，補償前のプラントのゲインおよび時定数はともに $1/(1+k_1k_2)$ 倍になっていることがわかる． ◇

8.4 根 軌 跡 法

7章7.1節で述べたように，閉ループ伝達関数の極の配置，特に複素平面上の原点に最も近い極，すなわち代表根が閉ループ特性を決定する．逆にいえ

ば，望ましい制御系を設計するために，この特性根の配置に着目した方法が考えられる．この方法は，8.3 節の方法が周波数特性に着目した設計法であったのに対して，時間（過渡）応答特性に基づく設計法といえる．

さて，図 8.23 の制御系において閉ループ伝達関数の極とは閉ループ系の特性方程式

$$1 + G(s)H(s) = 0 \qquad (8.21)$$

の根を指すから，この系の根軌跡とは $G(s)H(s)$ に含まれるゲインが 0 から ∞ 間で変化するとき，式 (8.21) の根が s 平面状に描く軌跡のことをいう．根軌跡を求めるには，式 (8.21) を直接解いて複素平面上にプロットすればよいが，それでは意味がない．実際には，代数方程式を解くことなく，開ループ伝達関数 $G(s)H(s)$ の零点と極の位置をもとにして比較的容易に描くことができる．すなわち，開ループ伝達関数 $G(s)H(s)$ が与えられていれば根軌跡を描くことができ，容易に閉ループ特性を知ることができる．

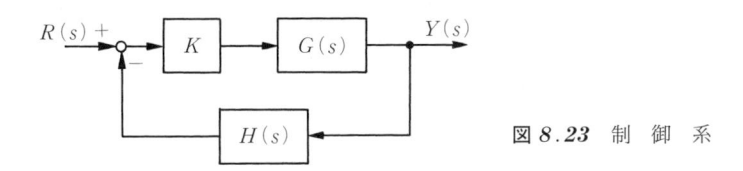

図 8.23 制御系

根軌跡の概念を理解するため，作図法を説明する前に根軌跡の代表例を示そう．図 8.23 のブロック図において

$$G(s) = \frac{1}{s\,(s+4)}, \quad H(s) = 1 \qquad (8.22)$$

の場合，閉ループ系の極は特性方程式

$$1 + G(s)H(s) = 1 + \frac{k}{s\,(s+4)} = 0 \qquad (8.23)$$

の根を調べる．すなわち，式 (8.23) の根（特性根）は方程式

$$s(s+4) + k = 0$$

の根

$$s_1,\ s_2 = -2 \pm \sqrt{4-k}$$

で与えられるから，ゲイン k が $0 \sim \infty$ 間で変化するとき s_1 と s_2 が描く軌跡がここで求める根軌跡である．そこで，k についてつぎのように場合分けを行えば

$k = 0$ 　　　　$s_1 = 0, \; s_2 = -4$

$0 < k < 4$ 　　$s_1, \; s_2$ は平面の実軸上

$k = 4$ 　　　　$s_1, \; s_2 = -2$

$k > 4$ 　　　　$s_1, \; s_2 = -2 \pm j\sqrt{k-4}$

を得る．図 **8.24** は $G(s) = k/\{s(s+4)\}$ の根軌跡を描いたものである．ここで，×印は $G(s)$ の極を示す．

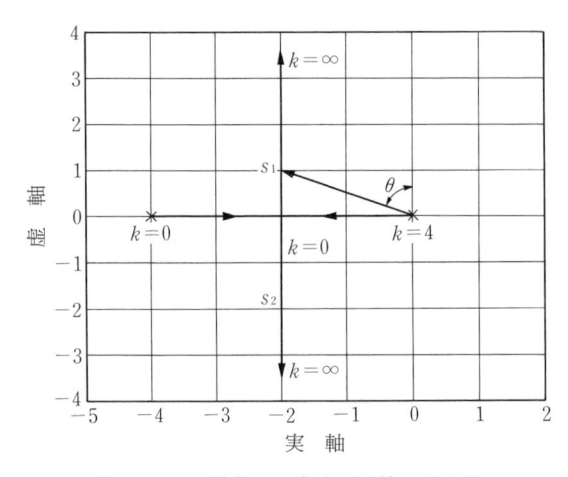

図 **8.24** 　$G(s) = k/\{s(s+4)\}$ の根軌跡

いま，閉ループ系の代表根が同図に示されるような共役複素根

$$s_1, \; s_2 = -\alpha \pm j\beta \tag{8.24}$$

であるとすれば，この系は以下のような2次遅れ系の標準形で表現することができる．

$$W(s) = \frac{\omega_n^2}{s^2 + 2\zeta\omega_n s + \omega_n^2} = \frac{s_1 s_2}{(s - s_1)(s - s_2)} \tag{8.25}$$

ただし

8.4 根軌跡法

$$\omega_n = \sqrt{\alpha^2 + \beta^2}$$

$$\zeta = \frac{\alpha}{\sqrt{\alpha^2 + \beta^2}} = \frac{\alpha}{\omega_n} \tag{8.26}$$

が成り立っている。式 (8.26) は固有周波数 ω_n および減衰率 ζ と代表根との関係を示しており，図からわかるように，固有周波数 ω_n は原点からの距離であり，減衰率 ζ が $\sin\theta$ となる関係にある。この関係は 7 章 7.1 節で詳しく説明したとおりである。

さて，式 (8.25) で近似された 2 次系の過渡特性は ζ と ω_n の関数となることから〔7 章の式 (7.6) 参照〕，所望の ζ と ω_n を満たすように k を決定することによって，閉ループ系の過渡特性を特定できることになる。このように，ここでの設計法は，8.3 節の周波数応答法で述べたゲイン調整法の別な方向からのアプローチであるといえる。

さて，上の例のように特性方程式が 2 次や 3 次である場合には，方程式を直接解くことによって根軌跡を描くこともできるが，方程式が高次になると直接方程式を解くことは難しい。ここではエバンスによって開発された根軌跡の作図法を紹介し，これを用いて，閉ループ系を設計する方法について解説する。

特性方程式は一般に式 (8.27) の形で表現される。

$$1 + G(s)H(s) = 1 + \frac{k\prod\limits_{i}^{m}(s - z_i)}{\prod\limits_{j}^{n}(s - p_j)} = 0 \tag{8.27}$$

ただし，z_i と p_j は開ループ伝達関数の極と零点である。式 (8.27)，すなわち，$G(s)H(s) = -1$ が s 平面上（複素平面上）で満たされるためには，つぎのゲイン条件と位相条件が満たされなくてはならない。

$$|G(s)H(s)| = \frac{k\prod\limits_{i}^{m}|s - z_i|}{\prod\limits_{j}^{n}|s - p_j|} = 1 \tag{8.28}$$

$$\angle G(s)H(s) = \sum\limits_{i}^{m}\angle(s - z_i) - \sum\limits_{j}^{n}\angle(s - p_j) = 2(n + 1)\pi$$

$$n = 0, \pm1, \pm2, \cdots \tag{8.29}$$

例えば，s 平面上の任意の点を s_1 とすれば，s_1 が根軌跡上にあるためには式 (8.28) と式 (8.29) を満たさなくてはならない．いま，これを説明するために開ループ伝達関数の極と零点が図 8.25 のように配置されている式 (8.30) で与えられる制御系を考える．

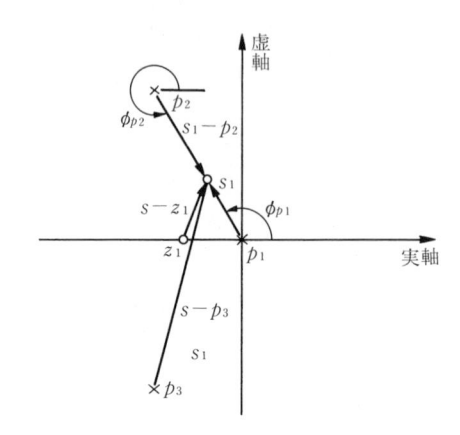

図 8.25 根軌跡上の点

$$G(s)H(s) = \frac{k(s-z_i)}{s(s-p_1)(s-p_2)} \tag{8.30}$$

ある任意の点 s_1 が根軌跡上にあるためには，式 (8.28)，式 (8.29) よりつぎの二つの条件を満たしていなければならない．

$$\frac{k|s-z_1|}{|s_1||s_1-p_2||s_1-p_2|} = 1 \tag{8.31}$$

$$\angle(s_1-z_1) - \{\angle s_1 - \angle(s_1-p_1) + \angle(s_1-p_2)\} = (2n+1)\pi \tag{8.32}$$

同図からもわかるように，s_1-z_i あるいは s_1-p_j は，それぞれ z_i または p_j から s_1 に向けて引いたベクトルであり，$|s_1-z_i|$, $|s_1-p_j|$ あるいは $\angle(s_1-z_i)$, $\angle(s_1-p_j)$ は，それぞれこれらベクトルの絶対値と正の実軸を基準とする位相 $\phi_z(\phi_p)$ である．

エバンスが示した以下の根軌跡の性質は，これらゲイン条件と位相条件から導かれるが，ここでは，これら性質を証明なしで紹介し，いくつかの例題を通じて根軌跡の描き方を学ぼう．

【性質1】 根軌跡の数は $G(s)H(s)$ の極の数に等しい。また，軌跡の出発点は $G(s)H(s)$ の極であり，終点の m 個は $G(s)H(s)$ の零点，残りの $n-m$ 本の終点は無限遠点となる。

ただし，系の一巡伝達関数 $G(s)H(s)$ の分母次数および分子次数をそれぞれ m, n とし $n > m$ とする。

例題 8.5 $G(s)H(s)$ が以下で与えられるとき

$$G(s)H(s) = \frac{k(s+1)}{s(s+2)}$$

閉ループ系の根軌跡の出発点と終点を求めよ。

【解答】 $n=2$, $m=1$ であるから【性質1】に従えば

$$s(s+2) = 0$$

より，$G(s)H(s)$ の極 $s=0$ と $s=-1$ の2点が根軌跡の出発点となる。また，1本の終点は $G(s)H(s)$ の零点 $s=-1$ であり，残りの1本は無限遠点が終点である。このときの根軌跡は図 **8.26** となる。　　◇

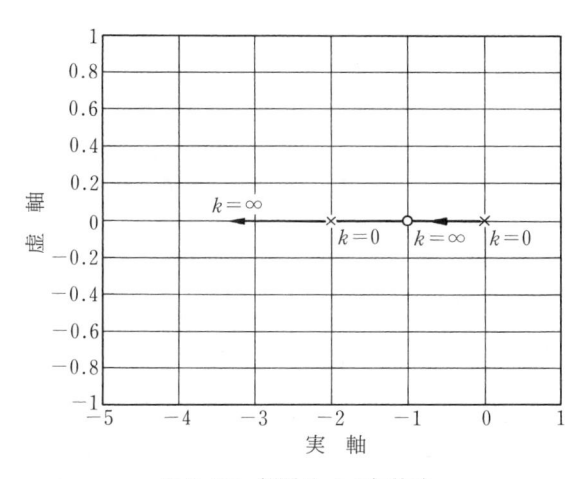

図 **8.26** 例題 8.5 の根軌跡

【性質2】 無限遠点に至る根軌跡の漸近線の角度 ϕ_0 と，漸近線と実軸の交点座標 a_0 を $(a, j0)$ とすればそれぞれつぎのように与えられる。

8. フィードバック系の設計

$$\phi_0 = \frac{(2k+1)\pi}{n-m} \qquad k = 0,\ 1,\ \cdots,\ n-m+1 \qquad (8.33)$$

$$\alpha_0 = -\frac{\sum_{i=1}^{n} p_i - \sum_{j=1}^{m} q_j}{n-m} \qquad (8.34)$$

ただし，p_i，q_j は $G(s)H(s)$ の極と零点であり，一般に複素数である。

例題 8.6 $G(s)H(s)$ が以下で与えられるとき

$$G(s)H(s) = \frac{k}{s(s+1)(s+5)}$$

閉ループ系の根軌跡に漸近線があればこの交点座標と，漸近線の角度 ϕ_0 を求めよ。

【解答】 $n=3$，$m=0$ であるから【性質1】より，無限遠点に向かう軌跡は3本存在している。また，$G(s)H(s)$ の極 $p_1 = 0$，$p_2 = -1$，$p_3 = -5$，そしてこの場合，零点はないから，実軸との交点は【性質2】から

$$\alpha_0 = -\frac{\sum_{i=1}^{3} p_i}{3-0} = \frac{-1-5}{3} = -2$$

すなわち，交点座標は $(-2,\ j0)$ である。さらに，3本の漸近線の角度 ϕ_0 は

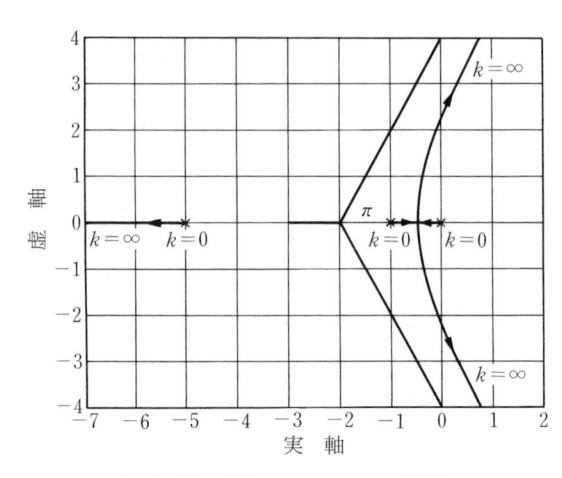

図 **8.27** 例題 8.6，8.7 の根軌跡

$$\phi_0 = \frac{(2k+1)\pi}{3-0} \quad (k = 0,\ 1,\ 2)$$
$$= \frac{\pi}{3},\ \pi,\ \frac{5\pi}{3}$$

となる．この閉ループ系の根軌跡は**図 8.27** のようになる． ◇

【性質3】 実軸上のある点から右側を見て，$G(s)H(s)$ の極と零点の総和が奇数ならばその点は根軌跡上にある．

例題 8.7 例題 8.6 の例で実軸上で根軌跡となる範囲を求めよ．

【解答】 $G(s)H(s)$ の極は，$p_1 = 0$，$p_2 = -1$，$p_3 = -5$ の 3 個で，零点はないから，実軸の範囲を表にまとめれば，**表 8.4** のようになり，【性質3】より $[-1,\ 0]$ と $[-\infty,\ -5]$ の実軸の範囲が根軌跡である．

表 8.4 実軸上の極と零点の数

実数の範囲	右側の極と零点の数
$[0,\ \infty]$	0
$[-1,\ 0]$	1（奇数）
$[-5,\ -1]$	2（偶数）
$[-\infty,\ -5]$	3（奇数）

MATLAB によって根軌跡を描くプログラム例は以下である．
```
%  図8.27　例題8.6, 8.7の根軌跡
>>W=zpk([],[0 -1 -5],1)
>>rlocus(W)
>>axis([-7 2 -4 4])
```
◇

8.5 例題 —— 根軌跡法を用いた設計例

ここでは，根軌跡法を用いた設計の一例を具体的な数値例によって説明しよう．

例題 8.8 **図 8.28** の制御系における根軌跡を描き，これを用いて代表根の減衰係数 ζ が 0.5 となるような k を決定せよ．

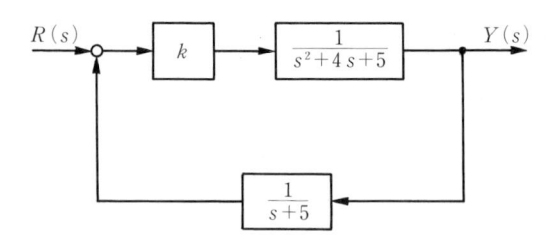

図 8.28 例題 8.8 の制御系ブロック図

【解答】 まず，閉ループ系の根軌跡を描こう。
この系の開ループ伝達関数は

$$G(s)H(s) = \frac{k}{(s+5)(s^2+4s+5)}$$

であり，極は $p_1 = -5$, p_2, $p_3 = -2 \pm j$ の3個，零点はない。
（1）【性質1】より根軌跡の数は3で，出発点は -5, $-2+j$, $-2-j$ である。軌跡の終点は零点がないのですべて無限遠点となる。
（2）無限遠点に至る漸近線の角度 ϕ_0 および実軸との交点 α_0 は【性質2】より

$$\alpha_0 = -\frac{\sum_{i=1}^{3} p_i}{3-0} = \frac{-5-2+j-2-j}{3} = -3$$

$$\phi_0 = \frac{(2k+1)\pi}{3-0} \quad k = 0, 1, 2$$

$$= \frac{\pi}{3}, \pi, \frac{5\pi}{3}$$

である。
（3）実軸上の根軌跡は【性質3】より，実軸上の極，零点は-5だけであるから，$[-\infty, -5]$ の実軸上からみて一つだけ極があることになるから，この範囲のみが実軸上の根軌跡である。
以上（1）〜（3）の性質を満たす根軌跡が図 8.29 のように描かれる。
つぎに，代表根の減衰係数 $\zeta = 0.5$ となるようなゲイン k をこの根軌跡から求めてみる。$\zeta = 0.5$ とする特性根の位置は式 (8.27) から原点と虚軸とのなす角度 $\theta = \sin^{-1} 0.5 = 30°$ の直線上にある。したがって，この直線と原点に最も近い根軌跡との交点 s_1 が，$\zeta = 0.5$ となる特性根である。このときのゲイン k は根軌跡のゲイン条件式 (8.30) より求めることができる。すなわち，$|s_1 - p_i|$，あるいは $|s - z_j|$ は z_i または p_j から s_1 に向けて引いたベクトルの絶対値であるから，ここでは三つの出発点から s_1 までの距離を測り，これを式 (8.30) に代入して

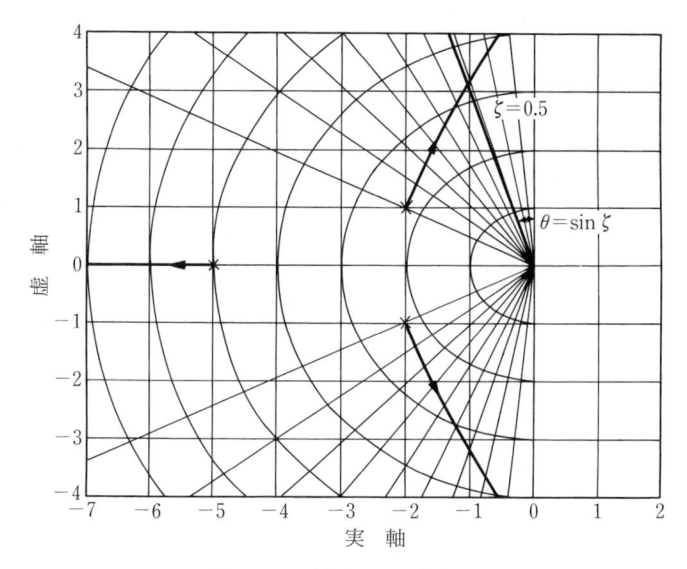

8.5 例題 —— 根軌跡法を用いた設計例

図 **8.29** 例題 8.8 の根軌跡

$$|G(s)H(s)| = \frac{k}{\prod_1^3 |s - p_j|} = 1$$

を満たす k を求めれば

$$k = |s_1 - p_1||s_1 - p_2||s_1 - p_3| \cong 23$$

が得られる．ただし，根軌跡が描かれた複素平面座標軸の縮尺を考慮しなくてはならないことはいうまでもない．以下のプログラムは MATLAB によるこの設計例である．

```
%  図8.29 例題8.8の根軌跡
W1=tf([1],[1 4 5])
W2=tf([1],[1 5])
W=W1*W2
rlocus(W);sgrid
rlocfind(W)
gtext('zuta=0.5')
grid on
```

◇

演 習 問 題

【1】 開ループ伝達関数が

$$G(s) = \frac{k}{s(1+0.5s)(1+0.2s)}$$

で与えられるフィードバック制御系がある。この制御系の位相余裕を $30°$ にするゲイン k の値を求めよ。

【2】 問図 8.1 において

$$G(s) = \frac{k}{s(s+1)(s+5)}$$

としたとき，最適ゲイン k の値を決定せよ。ただし，$M_p = 1.4$ とする。また，そのときの位相余裕とゲイン余裕はいくらか。

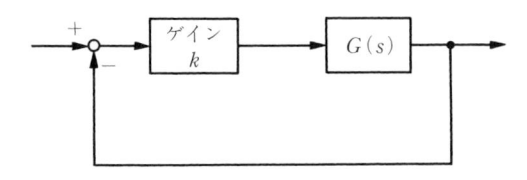

問図 8.1

【3】 開ループ伝達関数が

(1) $G(s) = \dfrac{k}{s(s+7)}$　　$(\zeta = 0.7)$

(2) $G(s) = \dfrac{k}{s(s^2 + 10s + 100)}$　　$(\zeta = 0.5)$

で与えられる系の根軌跡を描け。また，根軌跡を用いて代表根の減衰係数 ζ がそれぞれ括弧内の値となるようなゲイン k を求めよ。

【4】 開ループ伝達関数が

$$G(s) = \frac{k}{s(s+2)}$$

で与えられる制御系がある。ボード線図を用いてつぎの仕様を満たすように位相進み補償をせよ。

(1) 位相余裕　　$p_m = 45°$
(2) 定常速度偏差　$\varepsilon_v = 0.05$

【5】 開ループ伝達関数が

$$G(s) = \frac{k}{s\,(s+1)\,(s+2)}$$

の直結フィードバック系でゲイン調整を行うとき，位相余裕40°以上とすると定常速度偏差定数は最大いくらにできるか。

引用・参考文献

1章
1) 示村悦二郎：自動制御とは何か，p.35，コロナ社（1990）
2) 同上，p.28
3) 深海登世司，藤巻忠雄 監修：制御工学（上），pp.6〜7，東京電機大学出版局（1998）

2章
〈参考情報〉
1) MATLAB ホームページ　http://www.cybernet.co.jp/products/matlab/

3章
1) 樋口龍雄：自動制御理論，p.125，森北出版（1989）

4章
1) 山口静馬，和田憲造，清水　光：制御工学の基礎，p.46，森北出版（1996）

6章
1) 椹木義一，添田　喬：わかる自動制御，pp.133〜138，日新出版（1985）
2) 樋口龍雄：自動制御理論，pp.138〜140，森北出版

7章
1) 樋口龍雄：自動制御理論，森北出版，p.106（1989）
2) 同上，pp.148〜151

8章
1) 高井宏幸：自動制御理論，pp.182〜184，オーム社（1970）
2) 椹木義一，添田　喬：わかる自動制御，pp.201〜227，日新出版（1985）

演習問題解答

1章

【1】 例えば

　　　　フィードバック制御系 …… 室内エアコン，電気アイロンなど
　　　　シーケンス制御系 ………… 自動販売機，交通信号機など

【2】（1）目標値の種類から分類すると
　　　　定値制御，プログラム制御，追値制御
　　（2）制御量の種類から分類すれば
　　　　プロセス制御，サーボ機構

などがある。例題1.1は上記（1）の立場からは追値制御であり，（2）の立場からはサーボ機構に分類される。また，例題1.2についても（1）定置制御，（2）サーボ機構に分類できる。

【3】（1）　制御量 …… タンク内温度
　　　　　　操作量 …… ヒータ温度
　　（2）**解答図1.1**参照

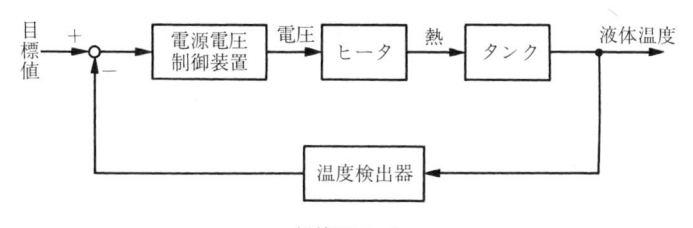

解答図1.1

　　（3）例えば，外部の温度化，流入液体温度変化など

【4】 **解答図1.2**参照

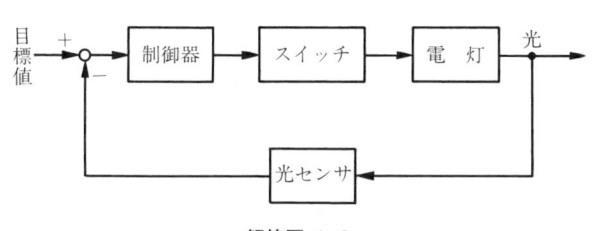

解答図1.2

【5】 解答図 *1.3* を参照して考えよ。

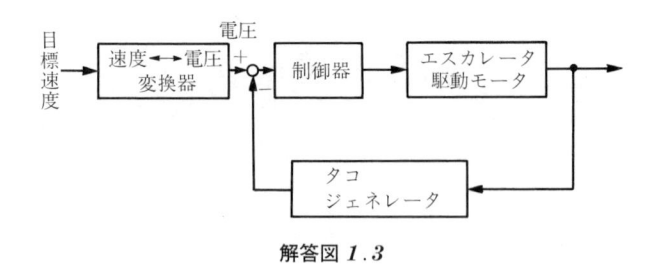

解答図 *1.3*

3 章

【1】 (1) 粘性抵抗において $\quad f_B(t) = B\nu(t)$

ばねにおいて $\quad f_C(t) = \dfrac{1}{C_m} x(t) = \dfrac{1}{C_m} \int \nu(t) dt$

可動物体において $\quad f_M(t) = M \dfrac{d\nu(t)}{dt}$

が成立するから，機械系を表す微分方程式（運動方程式）は

$$B\nu(t) + \dfrac{1}{C_m} \int \nu(t) dt + M \dfrac{d\nu(t)}{dt} = f(t)$$

となる。これと等価な電気回路は**解答図 3.1**のようになる。

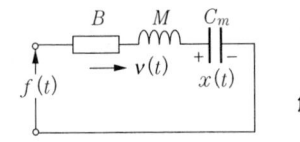

解答図 *3.1*

(2) ベクトル記号法を用いて系の方程式を複素ベクトル表示すると

$$B\dot{N} + \dfrac{1}{j\omega C_m} \dot{N} + j\omega M \dot{N} = \dot{F}$$

したがって

$$\dot{N} = \dfrac{\dot{F}}{B + j\{\omega M - 1/(\omega C_m)\}}$$

$\dot{F}$ と $\dot{N}$ が同相になるためには

$$\omega M - \dfrac{1}{\omega C_m} = 0 \quad \therefore \quad \omega = \dfrac{1}{\sqrt{MC_m}}$$

【2】 (1) $F(s) = 2$ (2) $F(s) = \dfrac{2}{s^2}$ (3) $F(s) = \dfrac{6}{s^3}$

(4) $F(s) = 5\mathcal{L}\left[\sin 4t \cos\dfrac{\pi}{6} - \cos 4t \sin\dfrac{\pi}{6}\right] = \dfrac{5}{2}\dfrac{4\sqrt{3} - s}{s^2 + 16}$

(5) $F(s) = \dfrac{2}{s}e^{-s}$

(6) $F(s) = \mathcal{L}\left[\dfrac{1 - \cos 2\beta t}{2}\right] = \dfrac{2\beta^2}{s(s^2 + 4\beta^2)}$

(7) $F(s) = \mathcal{L}\left[\dfrac{1}{2}\{\sin(\alpha + \beta)t + \sin(\alpha - \beta)t\}\right]$

$= \dfrac{1}{2}\left\{\dfrac{\alpha + \beta}{s^2 + (\alpha + \beta)^2} + \dfrac{\alpha - \beta}{s^2 + (\alpha - \beta)^2}\right\}$

(8) $F(s) = \mathcal{L}[a\{(t - 2) + 2\}u(t - 2)] = a\left(\dfrac{1}{s^2} + \dfrac{2}{s}\right)e^{-2s}$

(9) $F(s) = \dfrac{s + 2}{(s + 2)^2 + (100\pi)^2}$

(10) $F(s) = \dfrac{1}{(s + 5)^2}$

【3】 (1) $f(t) = \mathcal{L}^{-1}\left[\dfrac{1}{(s + 3)(s + 4)}\right] = \mathcal{L}^{-1}\left[\dfrac{1}{s + 3} - \dfrac{1}{s + 4}\right]$

$= e^{-3t} - e^{-4t}, \quad f(\infty) = 0$

(2) $f(t) = \mathcal{L}^{-1}\left[\dfrac{2}{s(s + 1)(s + 2)}\right] = \mathcal{L}^{-1}\left[\dfrac{1}{s} - \dfrac{2}{s + 1} + \dfrac{1}{s + 2}\right]$

$= 1 - 2e^{-t} + e^{-2t}, \quad f(\infty) = 1$

(3) $f(t) = \mathcal{L}^{-1}\left[\dfrac{2(s + 4) + 3}{(s + 4)^2 + 3^2}\right] = e^{-4t}(2\cos 3t + \sin 3t), \quad f(\infty) = 0$

(4) $f(t) = \mathcal{L}^{-1}\left[\dfrac{2}{s^2 + 1} - \dfrac{2}{s^2 + 4}\right] = 2\sin t - \sin 2t,$

$f(\infty)$ は存在しない（持続振動）。

(5) $f(t) = \mathcal{L}^{-1}\left[\dfrac{1}{s} - \dfrac{s + 6}{s^2 + 4s + 8}\right]$

$= \mathcal{L}^{-1}\left[\dfrac{1}{s} - \dfrac{(s + 2) + 2 \times 2}{(s + 2)^2 + 2^2}\right] = 1 - e^{-2t}(\cos 2t + 2\sin 2t),$

$f(\infty) = 1$

(6) $f(t) = \mathcal{L}^{-1}\left[\dfrac{1}{s} - \dfrac{1}{s + 2} - \dfrac{2}{(s + 2)^2}\right] = 1 - e^{-2t} - 2e^{-2t}t$

$= 1 - e^{-2t}(1 + 2t), \quad f(\infty) = 1$

(7) $f(t) = \sin 2(t - 3)u(t - 3), \quad f(\infty)$ は存在しない（持続振動）

(8) $f(t) = \mathcal{L}^{-1}\left[\left(\dfrac{1}{s} - \dfrac{1}{s+1}\right)e^{-s}\right] = \{1 - e^{-(t-1)}\}\,u(t-1), \quad f(\infty) = 1$

【4】(1) 与式をラプラス変換して

$$5\{sX(s) - 0\} + X(s) = \dfrac{10}{s}$$

これより

$$X(s) = 10\left(\dfrac{1}{s} - \dfrac{1}{s + 0.2}\right)$$

ラプラス逆変換して $x(t) = 10\left(1 - e^{-0.2t}\right)$ を得る。

(2) 与式をラプラス変換して

$$\{s(sX(s) - 0) - 0\} + 2\{sX(s) - 0\} + 8X(s) = \dfrac{2}{s}$$

これより

$$X(s) = \dfrac{2}{s(s^2 + 2s + 8)} = \dfrac{1}{4}\left\{\dfrac{1}{s} - \dfrac{(s+1) + (1/\sqrt{7})\sqrt{7}}{(s+1)^2 + (\sqrt{7})^2}\right\}$$

ラプラス逆変換して

$$x(t) = \dfrac{1}{4}\left\{1 - e^{-t}\left(\cos\sqrt{7}\,t + \dfrac{1}{\sqrt{7}}\sin\sqrt{7}\,t\right)\right\}$$

を得る。

【5】回路に流れる電流を $i(t)$, コンデンサに蓄えられる電荷を $q(t)$ とすると回路方程式は

$$Ri(t) + L\dfrac{di(t)}{dt} + \dfrac{q(t)}{C} = E, \quad i(t) = \dfrac{dq(t)}{dt}$$

初期条件 $q(0)$, $i(0) = [dq/dt]_{t=0}$ を考慮して両式をラプラス変換すると

$$RI(s) + LsI(s) + \dfrac{1}{C}Q(s) = \dfrac{E}{s}, \quad I(s) = sQ(s)$$

$Q(s)$ を消去して $I(s)$ を求めると

$$I(s) = \dfrac{1}{R + sL + 1/(sC)}\dfrac{E}{s}$$

$$= \dfrac{E}{L}\dfrac{1}{s^2 + (R/L)s + 1/(LC)}$$

$$= \dfrac{E}{L}\dfrac{1}{\left(s + \dfrac{R}{2L}\right)^2 + \left\{\sqrt{\dfrac{1}{LC} - \left(\dfrac{R}{2L}\right)^2}\right\}^2}$$

ここで

$$\alpha = \dfrac{R}{2L}, \quad \beta = \sqrt{\dfrac{1}{LC} - \left(\dfrac{R}{2L}\right)^2} \quad \left(\dfrac{1}{LC} > \left(\dfrac{R}{2L}\right)^2 \text{だから } \beta > 0\right)$$

とおくと
$$I(s) = \frac{E}{L}\frac{1}{(s+\alpha)^2+\beta^2} = \frac{E}{\beta L}\frac{\beta}{(s+\alpha)^2+\beta^2}$$
となる。ラプラス逆変換すると
$$i(t) = \frac{E}{\beta L}e^{-\alpha t}\sin\beta t$$
が得られ，減衰振動となる。

【6】 (1) $F(s)$ の極は $s=-4, -3$ で複素平面上の左半面にあるから最終値が存在し
$$f(\infty) = \lim_{s\to 0}sF(s) = \lim_{s\to 0}\frac{s}{s^2+7s+12} = 0$$

(2) $F(s)$ の極は $s=-2, -1, 0$ で複素平面上の左半面にあるから最終値が存在し
$$f(\infty) = \lim_{s\to 0}sF(s) = \lim_{s\to 0}\frac{2}{s^2+3s+2} = 1$$

(3) $F(s)$ の極は $s=-4\pm j3$ で複素平面上の左半面にあるから最終値が存在し
$$f(\infty) = \lim_{s\to 0}sF(s) = \lim_{s\to 0}\frac{2s^2+11s}{s^2+8s+25} = 0$$

(4) $F(s)$ の極は $s=\pm j, \pm j2$ で複素平面上の虚軸上にあるから最終値は存在しない（持続振動となる）。

(5) $F(s)$ の極は $s=-2\pm j2, 0$ で複素平面上の左半面にあるから最終値が存在し
$$f(\infty) = \lim_{s\to 0}sF(s) = \lim_{s\to 0}\frac{-2s+8}{s^2+4s+8} = 1$$

(6) $F(s)$ の極は $s=-2, 0$ で複素平面上の左半面にあるから最終値が存在し
$$f(\infty) = \lim_{s\to 0}sF(s) = \lim_{s\to 0}\frac{4}{(s+2)^2} = 1$$

(7) $F(s)$ の極は $s=\pm j2$ で複素平面上の虚軸上にあるから最終値は存在しない（持続振動となる）。

(8) $F(s)$ の極は $s=-1, 0$ で複素平面上の左半面にあるから最終値が存在し
$$f(\infty) = \lim_{s\to 0}sF(s) = \lim_{s\to 0}\frac{e^{-s}}{s+1} = 1$$

【7】 簡略化すると全体の伝達関数は

$$\frac{G_1 G_2 G_3}{1 + G_1 G_2 H_1 + G_2 G_3 H_2 + G_1 G_2 G_3 H_3}$$

となる．

4 章

【1】 ステップ応答を求めると
$$y(t) = 1 - e^{-Kt}$$
となり，時定数 $\tau = 1/K$ を $0.1\,\mathrm{s}$ にするためには $K = 10$ とすればよい．

【2】（1）(a) のステップ応答は $y(t) = K\{1 - e^{-(1/T)t}\}$，時定数は $\tau_a = T$
（2）(b) のステップ応答は $y(t) = \{KK_0/(K+1)\}[1 - e^{\{-(K+1)/T\}t}]$，時定数は $\tau_b = T/(K+1) < T$ となり，(a) よりも小さくなる．
（3）$K_0 = K + 1$

【3】（1）伝達関数は $G(s) = 10K/(s^2 + 10s + 10K)$ で，ステップ応答が振動性になるためには伝達関数の分母を表す 2 次式の判別式が負になればよいから，$K > 2.50$ ならばよい．
（2）ステップ応答は
$$y(t) = 1 - e^{-5t}\left(\cos\sqrt{10K-25}\,t + \frac{5}{\sqrt{10K-25}}\sin\sqrt{10K-25}\,t\right)$$
応答が最大になる時刻は $dy/dt = 0$ とおくことにより求められ
$$t = \frac{\pi}{\sqrt{10K-25}}$$
最大値 y_m，行き過ぎ量 θ_m は
$$y_m = 1 + \exp\left(-\frac{5\pi}{\sqrt{10K-25}}\right), \quad \theta_m = \exp\left(-\frac{5\pi}{\sqrt{10K-25}}\right)$$
$\theta_m = 0.1$ とするためには，$K = 7.15$ となればよい．波形は省略．
（参考）ステップ応答を求めるための MATLAB プログラムは，以下のようになる．
```
num=71.5;
den=[1 10 71.5];
printsys(num,den)
step(num,den,2)
[y,x]=step(num,den,2);
[yp,k]=max(y)
grid on
```

【4】（1）$y(t) = 1 - e^{-t}$

(2) この系の合成伝達関数は $G_0(s) = (s+K)/(s^2+2s+K)$ で，分母（2次式）の判別式が負になるためには $K>1$（**解答図4.1**）。

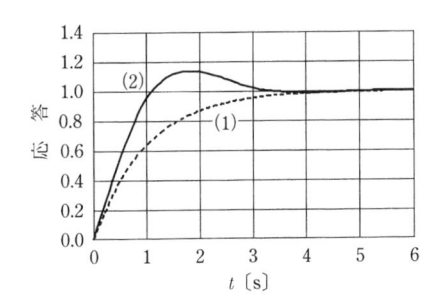

解答図4.1

(3) $y(t) = 1 - e^{-t}\cos\sqrt{2}\,t$，行き過ぎ量は $\theta_m = 0.137 = 13.7$〔%〕

（参考） Simulinkを利用してモデルのブロック線図を描くと**解答図4.2**のようになる。上側が(1)（フィードバックを施す前），下側が(3)（$K=3$でフィードバックを施した後）のブロックを表している。

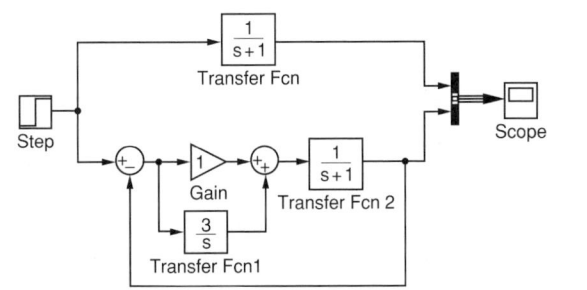

解答図4.2

シミュレーションを実行すると出力波形は**解答図4.3**のようになる。

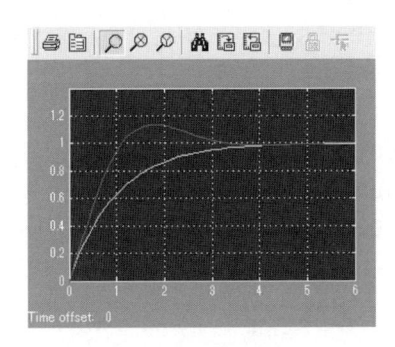

解答図4.3

【5】 むだ時間 $L=2$ [s], 時定数 $T=2.2$ [s] とみなすと

$$G(s) = \frac{1}{1+2.2s} e^{-2s}$$

(参考) 正確に表した伝達関数と，近似した伝達関数のステップ応答を求めるためのMATLABプログラムは以下のようになる．

```
num=1;
den=[1 4 6 4 1];
printsys(num,den)
step(num,den)
grid on
hold on
h=tf(1,[2.2 1],'td',2)
step(h,'bo')
```

5 章

【1】 (1) 直交座標表示で

$$G(j\omega) = \frac{100}{100^2+\omega^2}\left(-1 - j\frac{100}{\omega}\right)$$

$\omega=0$ のとき $G=-0.01-j\infty$, $\omega=\infty$ のとき $G=-0-j0$
(実部，虚部ともに0にはなりえない)

極座標表示で

$$G(j\omega) = \frac{100}{\omega\sqrt{100^2+\omega^2}} \angle -\left(\frac{\pi}{2} + \mathrm{Tan}^{-1}\frac{\omega}{100}\right)$$

$g_{\mathrm{dB}} = -20\log\omega - 20\log\sqrt{1+(0.01\omega)^2} \equiv g_{\mathrm{dB1}} + g_{\mathrm{dB2}}$ 〔dB〕

$\phi = -90 - \mathrm{Tan}^{-1}\dfrac{\omega}{100}$ 〔deg〕

(参考) MATLABプログラムは，それぞれ以下のようになる (**解答図 5.1**)．

```
num=100;
den=[1 100 0];
nyquist(num,den)
axis([-0.02,0.02,-0.1,0])
grid on
```

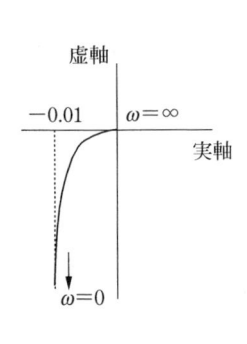

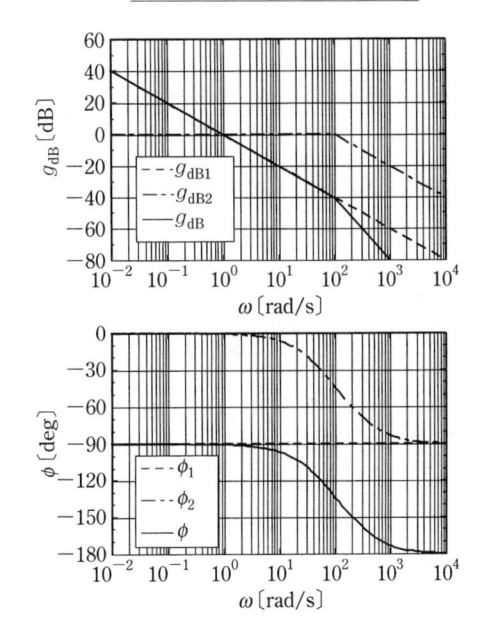

演 習 問 題 解 答   *193*

解答図 5.1

```
num=100;
den=[1 100 0];
bode(num,den,{1e-2,1e+4})
grid on
```

(2) $G(j\omega) = \dfrac{1 + j10\omega}{1 + j\omega} = \dfrac{(1 + 10\omega^2) + j9\omega}{1 + \omega^2}$ （位相は進み）

$\omega = 0$ のとき $G = 1$，$\omega = \infty$ のとき $G = 10$

（実部は 0 になりえないから虚軸とは交わらない）

デシベルゲインと位相は

$g_{dB} = 20 \log \sqrt{1 + (10\omega)^2} - 20 \log \sqrt{1 + \omega^2} \equiv g_{dB1} + g_{dB2}$ 〔dB〕

$\phi = \mathrm{Tan}^{-1} 10\omega - \mathrm{Tan}^{-1} \omega$ 〔deg〕（**解答図 5.2**）

（参考） MATLAB プログラムは，それぞれ以下のようになる。

```
num=[10 1];
den=[1 1];
nyquist(num,den)
axis([0,12,0,6])
grid on
```

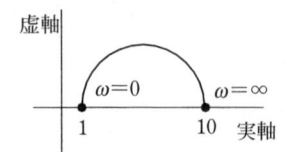

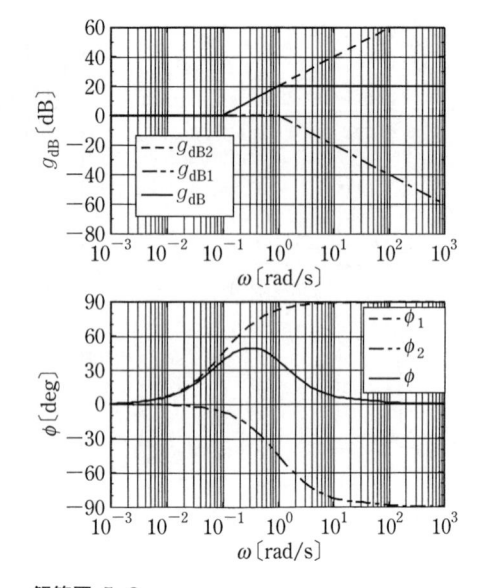

解答図 5.2

```
num=[10 1];
den[1 1];
bode(num,den,{1e-3,1e=3})
grid on
```

(3) $G(j\omega) = \dfrac{1}{1+j10\omega} \dfrac{1}{1+j\omega} \dfrac{1}{1+j0.1\omega}$

$= \dfrac{(1-11.1\omega^2) - j\omega(11.1+\omega^2)}{(1+100\omega^2)(1+\omega^2)(1+0.01\omega^2)}$

$\omega = 0$ のとき $G = 1$, $\omega = \infty$ のとき $G = 0$

$1-11.1\omega^2 = 0$ のとき,すなわち $\omega = 0.300$ のとき $G = j0.308$

$g_{dB} = -20\log\sqrt{1+(10\omega^2)} - 20\log\sqrt{1+\omega^2} - 20\log\sqrt{1+(0.1\omega)^2}$

$= g_{dB1} + g_{dB2} + g_{dB3}$ [dB]

$\phi = -\mathrm{Tan}^{-1}10\omega - \mathrm{Tan}^{-1}\omega - \mathrm{Tan}^{-1}0.1\omega$ [deg] (**解答図 5.3**)

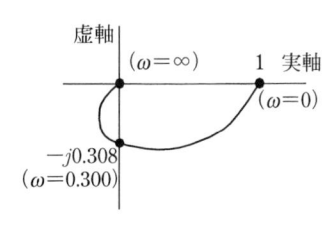

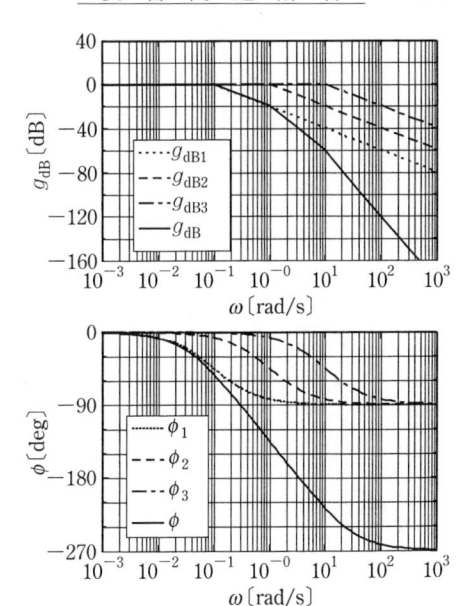

解答図 5.3

(参考) MATLAB プログラムは，それぞれ以下のようになる。

```
num=1;
den=[1 11.1 11.1 1];
printsys(num,den)
nyquist(num,den)
axis([-0.5,1.5,-1.0])
grid on
```

```
num=1;
den[1 11.1 11.1 1];
printsys(num,den)
bode(num,den,{1e-3,1e+3})
grid on
```

(4) $G(j\omega) = \dfrac{10}{-\omega^2 + j\omega + 10} = \dfrac{10}{(10-\omega^2) + j\omega} = \dfrac{10\{(10-\omega^2) - j\omega\}}{(10-\omega^2)^2 + \omega^2}$

$\omega = 0$ のとき $G = 1$

$\omega = \infty$ のとき $G = 0$

$10 - \omega^2 = 0$ すなわち $\omega = \sqrt{10}$ のとき $G = -j\sqrt{10}$

デシベルゲインと位相は

$g_{\mathrm{dB}} = 20 - 20\log\sqrt{(10-\omega^2)^2 + \omega^2}$ 〔dB〕

$\omega < \sqrt{10}$ において $\phi = -\mathrm{Tan}^{-1}\left(\dfrac{\omega}{10-\omega^2}\right)$ 〔deg〕

$\omega = \sqrt{10}$ において $\phi = -90$ 〔deg〕

$\omega > \sqrt{10}$ において $\phi = \mathrm{Tan}^{-1}\left(\dfrac{\omega}{\omega^2-10}\right) - 180$ 〔deg〕

また,デシベルゲインの最大値は $g_P = 10.11$ 〔dB〕(**解答図 5.4**)

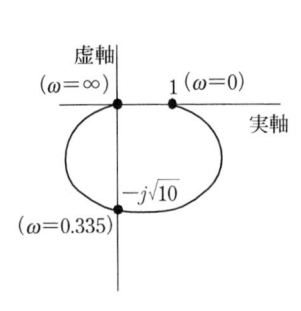

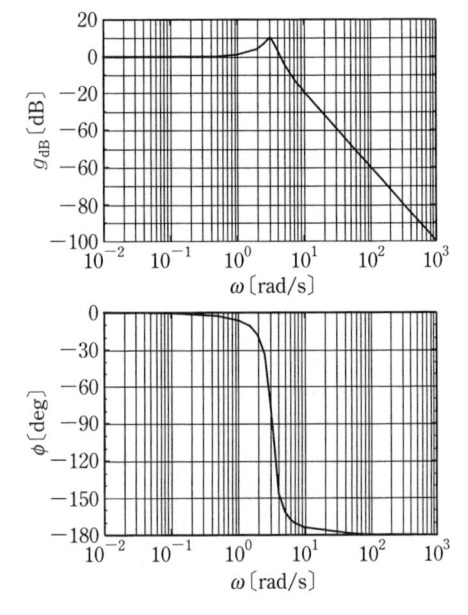

解答図 5.4

(参考) MATLAB プログラムは，それぞれ以下のようになる。

```
num=10;
den=[1 1 10];
printsys(num,den)
nyquist(num,den)
axis([-2,2,-4,0])
grid on
```

```
num=10;
den[1 1 10];
printsys(num,den)
bode(num,den,{0.1,1000})
[mag,phase,w]=bode(num,den,{0.1,1000});
[Mp,k]=max(mag)
gp= 20*log10(Mp)
wp=w(k)
grid on
```

【2】 $G(j\omega) = \dfrac{1}{\sqrt{1+\omega^2}} \angle -(\omega + \mathrm{Tan}^{-1}\omega)$

$= \dfrac{(\cos\omega - \omega\sin\omega) - j(\sin\omega + \omega\cos\omega)}{1+\omega^2}$

$\omega = 0$ のとき $G = 1$

$\omega = \infty$ のとき $G = 0$

$\omega + \mathrm{Tan}^{-1}\omega = \pi$ すなわち $\omega = 2.029$ のとき $G = 0.442 \angle -\pi = -0.442$

ω が増加するに従って $G(j\omega)$ の大きさは減少し，位相は限りなく負の方向に増加していく（ナイキスト線図は渦巻き状になる）。

デシベゲインと位相は

$g_{\mathrm{dB}} = -20\log\sqrt{1+\omega^2}$ 〔dB〕

$\phi = -(\omega + \mathrm{Tan}^{-1}\omega)$ 〔rad〕

$= -\dfrac{180}{\pi}(\omega + \mathrm{Tan}^{-1}\omega)$ 〔deg〕（**解答図 5.5**）

198　演 習 問 題 解 答

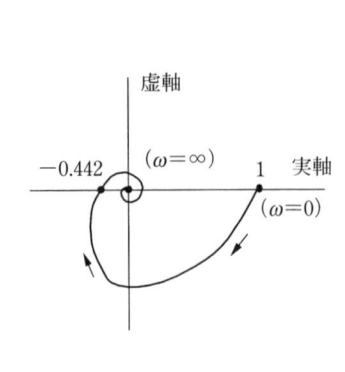

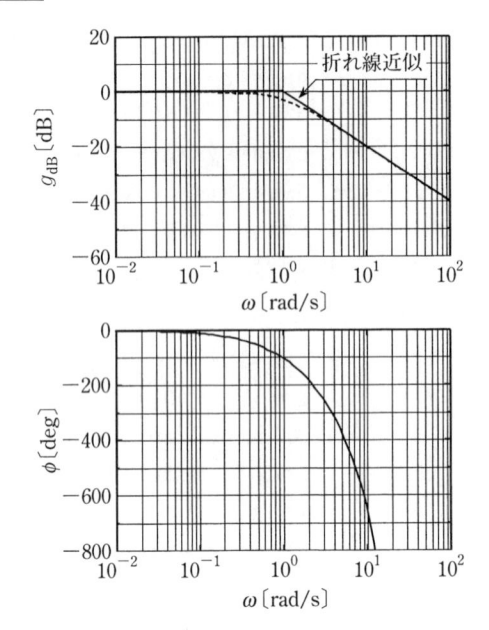

解答図 5.5

(参考)　MATLAB プログラムは，それぞれ以下のようになる．

```
h=tf(1,[1 1],'td',1)
printsys(h)
nyquist(h)
axis([-1,1,-1,1])
grid on
```

```
h=tf(1,[1 1],'td',1)
printsys(h)
bode(h,{0.1,100})
grid on
```

6 章

【1】(1) 特性方程式が与式であるので，ラウス配列表をつくれば，以下のラウス数列を得る．{1, 1, 1, 3} 数列の符号に変化はないので，この系は安定である．

(2) (1)と同様にラウス配列表をつくり，ラウス数列を求めれば {1, 3,

5/3, −4/5, 1} となる．これより，ラウス数列の符号が 2 回変化しているので，この系には不安定な特性根が二つ存在している．

【2】（1）問題【1】の(1)の特性多項式からフルビッツ行列を構成すれば以下となる．

$$H = \begin{bmatrix} 1 & 3 & 0 \\ 1 & 4 & 0 \\ 0 & 1 & 3 \end{bmatrix}$$

この小行列式を計算すれば，すべて正である．すなわち，この系は安定といえる．

（2）問題【1】の(2)の特性多項式から(1)と同様にフルビッツ行列を構成すれば以下となり，これから得られる 3 次の小行列式が負になることが確かめられる．したがって，この系は不安定である．

$$H = \begin{bmatrix} 3 & 1 & 0 & 0 \\ 1 & 2 & 1 & 0 \\ 0 & 3 & 1 & 0 \\ 0 & 1 & 2 & 1 \end{bmatrix}, \quad |H_3| = \begin{vmatrix} 3 & 1 & 0 \\ 1 & 2 & 1 \\ 0 & 3 & 1 \end{vmatrix} = -4$$

【3】**解答図 6.1** と**解答図 6.2** に開回路伝達関数ボード線図およびベクトル図を示す．これらよりこの系は不安定であるといえる．

【4】（1）特性方程式は $s^2 + 6s + 3 = 0$ であり，特性根は $-3 \pm \sqrt{6} < 0$ であるから系は安定である．

（2）上記特性方程式は $s^2 + 6s + 3 = 0$ のラウス系列は {1, 6, 3} で，系列に符号の変化はないから系は安定である．

【5】**解答図 6.3** より，$k = 8$ のとき安定，$k = 16$ のとき安定（安定限界），$k > 32$ であるから，不安定であることがわかる．

【6】ラウス数列を作成することにより，制御系が安定となる a，b の範囲が以下のように求められる．

（1）$a > -\dfrac{7}{3}, \quad a > \dfrac{3}{5}b - \dfrac{7}{3}, \quad b > 0$

（2）$a > 0, \quad b > -3, \quad a < \dfrac{2}{3}b + 2$

【7】開ループ伝達関数 $G(s)H(s)$ の周波数特性は

$$G(j\omega)H(j\omega) = \frac{k\,e^{-0.5j\omega}}{j\omega}$$

である．このとき開ループ系の安定限界はゲイン交差周波数 ω_0 において

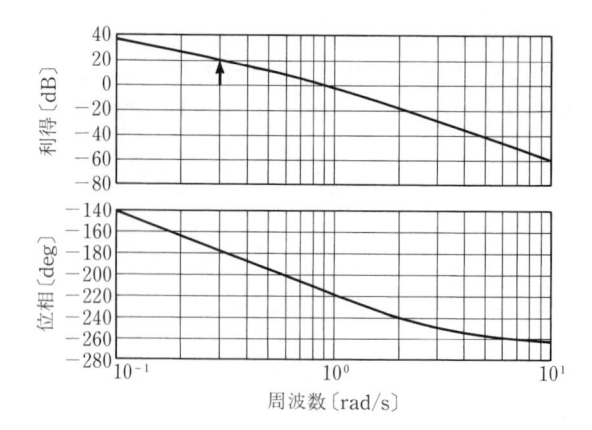

解答図 6.1

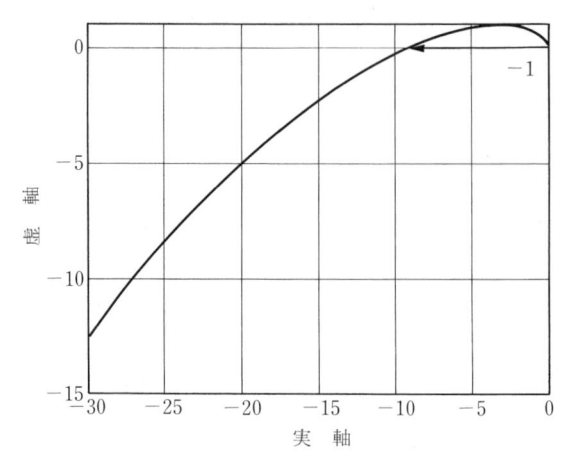

解答図 6.2

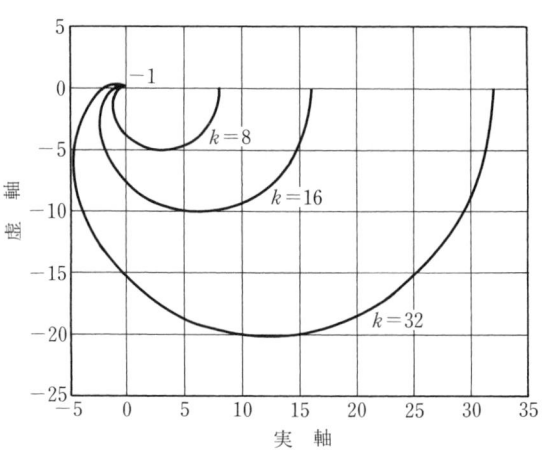

解答図 6.3

$$G(j\omega_0) H(j\omega_0) = \frac{k\,e^{-0.5j\omega_0}}{j\omega_0} = -1$$

を満たす。すなわち $|G(j\omega_0) H(j\omega_0)| = k/\omega_0 = 1$ および $\angle -\pi/2 - 0.5\omega_0 = -\pi$ を満たす k, ω_0 として $k = \omega_0$, $\omega_0 = \pi$ が得られる。

7章

【1】 問図 **7.2** から

$$|W(j0.3)| = \frac{|G(0.3j)|}{|1 + G(0.3j)|} = \frac{\overrightarrow{oa}}{\overrightarrow{ab}} = 0.58$$

また、偏角は $\phi = \angle oab = 19\,[°] = 0.33\,[\text{rad}]$ である。このとき出力 $y(t)$ は、$y(t) = 0.58 \sin(0.3t - 0.33)$ となる。

【2】 問表 **7.1**, 問表 **7.2** を完成させれば**解答表 7.1**, **解答表 7.2** となる。これを図示すれば本文の図 **7.11** と図 **7.12** のようになる。

解答表 7.1 等 M 軌跡の中心座標および半径

M	中心座標	半 径	M	中心座標	半 径
0.5	(0.33, 0)	0.67	1.1	(−5.76, 0)	5.24
0.6	(0.56, 0)	0.94	1.2	(−3.27, 0)	2.73
0.7	(0.96, 0)	1.37	1.3	(−2.45, 0)	1.88
0.8	(1.78, 0)	2.22	1.4	(−2.04, 0)	1.46
0.9	(4.26, 0)	4.74	1.5	(−1.80, 0)	1.20
1.0	(∞, 0)	∞	1.6	(−1.64, 0)	1.03

解答表 7.2 等 ϕ 軌跡の中心座標および半径

$N(\tan\phi)$	ϕ	中心座標	半 径	$N(\tan\phi)$	ϕ	中心座標	半 径
∞	−90	(−0.5, 0)	0.5	∞	90	(−0.5, 0)	0.5
−2.75	−70	(−0.5, −0.18)	0.53	2.75	70	(−0.5, 0.18)	0.53
−1.19	−50	(−0.5, −0.42)	0.65	1.19	50	(−0.5, 0.42)	0.65
−1.00	−45	(−0.5, −0.5)	0.71	1.00	45	(−0.5, 0.5)	0.71
−0.58	−30	(−0.5, −0.87)	1.00	0.58	30	(−0.5, 0.87)	1.00
−0.36	−20	(−0.5, −1.37)	1.46	0.36	20	(−0.5, 1.37)	1.46

【3】 等 M 軌跡と等 ϕ 軌跡にベクトル軌跡を重ねれば、**解答図 7.1**(a) および (b) のようになる。これより、$\omega = 1.5\,[\text{rad/s}]$ におけるゲイン $|W(1.5j)| = M = 1.2$, 位相差 $\phi = 22\,[°]$ が得られる。

【4】 ボード線図は**解答図 7.2** であり、これより

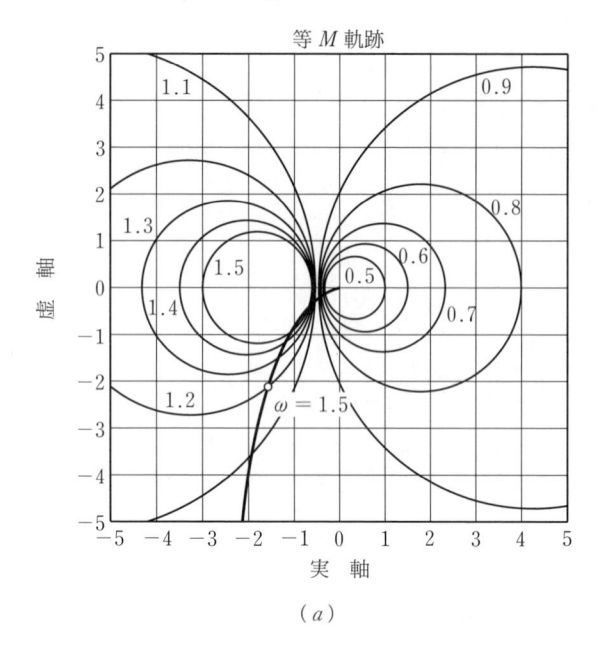

202   演習問題解答

等 M 軌跡

(a)

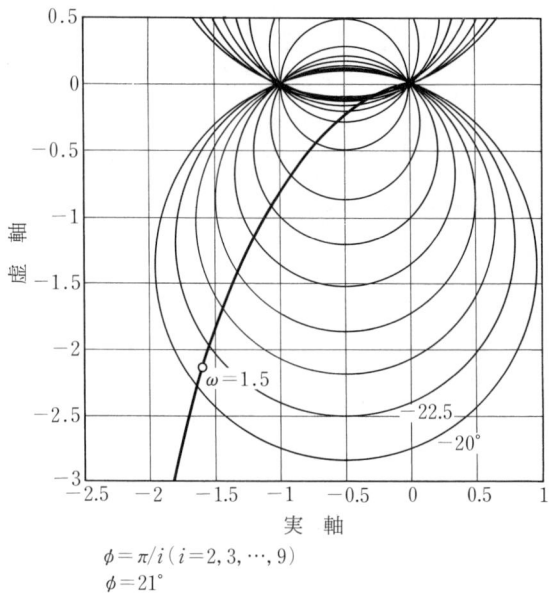

(b)

$\phi = \pi/i \, (i = 2, 3, \cdots, 9)$
$\phi = 21°$

解答図 **7.1**

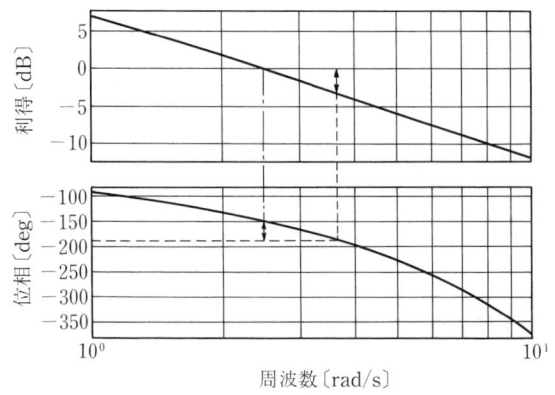

$$20\log K = 3$$
$$\log K = \frac{3}{20}, \quad K = 10^{3/20} = 1.41$$
$$\phi = 30°$$

解答図 7.2

  ゲイン余裕 約 3 dB
  位相余裕 約 30°

が得られる。また，ゲイン余裕より k を計算すれば，1.41 であるから $k > 1.41 \times 5 = 7.05$ において不安定になる。

【5】$G(s)$ について定常位置偏差定数 K_p および定常速度偏差定数 K_v を求めれば以下となり，それぞれの偏差が得られる。

(1) $\begin{cases} K_p = \lim_{s \to 0} G(s) = \infty, & \therefore \quad \varepsilon_p = 0 \\ K_v = \lim_{s \to 0} s\,G(s) = \infty, & \therefore \quad \varepsilon_v = 0 \end{cases}$

(2) $\begin{cases} K_p = \lim_{s \to 0} G(s) = \infty, & \therefore \quad \varepsilon_p = 0 \\ K_v = \lim_{s \to 0} s\,G(s) = 5, & \therefore \quad \varepsilon_v = \dfrac{1}{5} \end{cases}$

【6】目標値に対する偏差は $D(s) = 0$ とおいて
$$E_r(s) = \frac{s(1 + Ts)}{s(Ts+1) + k_1 k_2} R(s)$$
である。一方，外乱に対する偏差は $R(s) = 0$ とおいて
$$E_d(s) = \frac{k_2}{s(Ts+1) + k_1 k_2} D(s)$$
であるから，それぞれの定常位置偏差は $R(s) = 1/s$ および $D(s) = 1/s$ とおいて上式を計算すればそれぞれ以下となる。

$$e_{rp} = \lim_{s \to 0} s\, E_r(s) = 0, \quad e_{dp} = \lim_{s \to 0} s\, E_d(s) = \frac{1}{k_1}$$

8 章

【1】 周波数特性線図として，ボード線図を用いて解を求める。

開ループ系 $G(s)$ で $k = 1$ とおいてボード線図を書けば，**解答図 8.1** となる。これより，位相余裕が 30° であるためのゲインは 9 dB，すなわち，$k \cong 2.8$ が得られる。

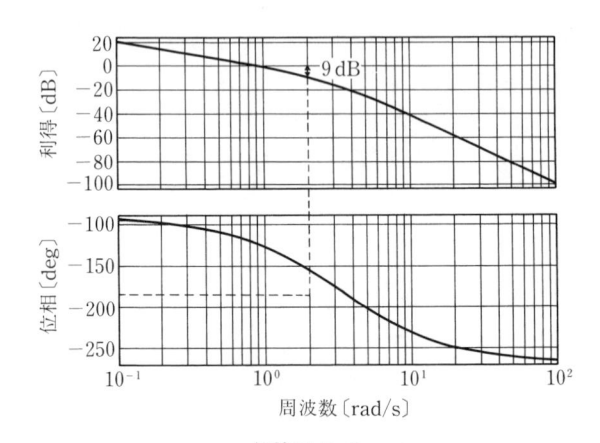

解答図 8.1

【2】 開ループ系周波数特性をニコルス線図上に描けば，**解答図 8.2** のようになる。$G(s)$ が $M_p = 1.4$ すなわち $20 \log 1.4 = 3$ [dB] に接するためには，図より約 14.5 [dB] が必要である。すなわち，$k = 5.3$ を得る。また，このときの位相余裕とゲイン余裕は，図よりそれぞれ 45°，16.5 [dB] を得る。

【3】 (1) 開ループ伝達関数の根軌跡は**解答図 8.3** のように描かれる。$\zeta = 0.7 = \sin\theta$ を満たす虚軸との角度 θ の直線を図上に書き込み，この軌跡との交点座標を読むことにより，$k = 36.2$ を得る。

(2) 同様に根軌跡，**解答図 8.3** より，$k = 246.1$ が得られる。

【4】 まず，定常速度偏差が $\varepsilon_v = 0.05$ を満たす k は定常速度偏差定数 K_v から

$$K_v = \lim_{s \to 0} \{s\, G(s)\} = \lim_{s \to 0} \left\{ s \frac{k}{s(s+2)} \right\} = 0.05$$

を求めることができる。このときの系のボード線図は**解答図 8.4** であり，ボード線図からは位相余裕 18°，ゲイン交差周波数 $\omega_c = 6$ [rad/s] が読み取れる。位相が仕様を満たすためには 45°−18°=27° だけ位相を進めなくてはなら

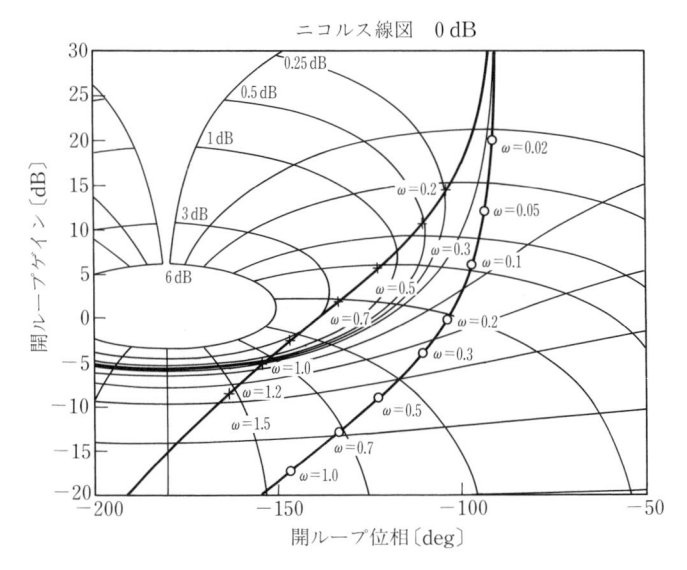

解答図 8.2

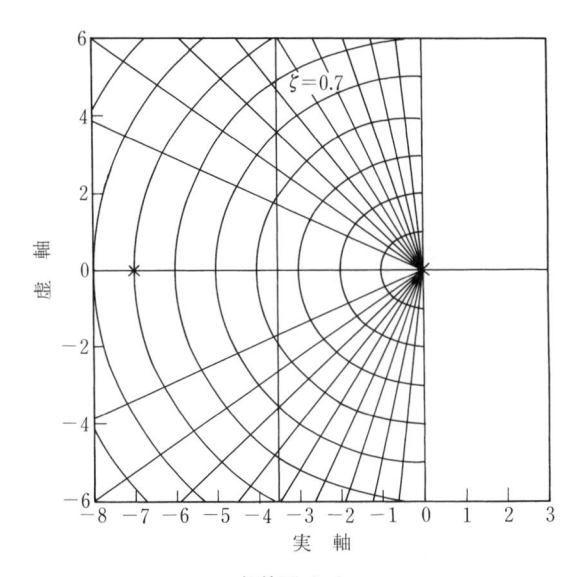

解答図 8.3

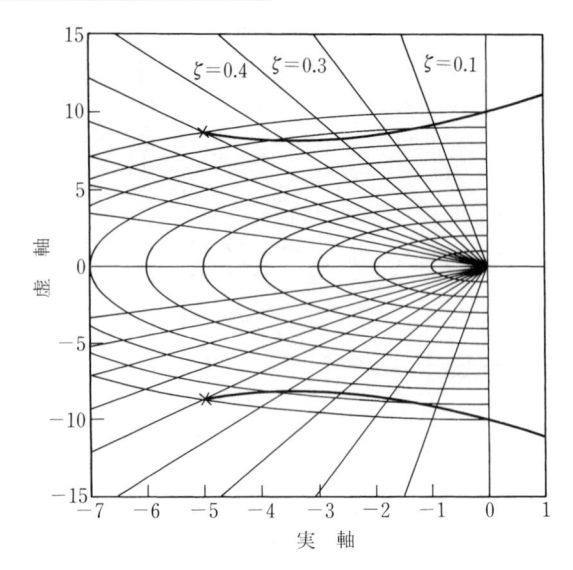

解答図 **8.4**

ない．そこで，補償要素付加による ω_c の増加に伴う位相余裕の減少分を見込んで，30°位相を進めることにする．位相進みの最大値 ϕ_m と α との関係式

$$\sin \phi_m = \frac{1-\alpha}{1+\alpha} = 0.5$$

より，$\alpha = 1/3$ が得られる．つぎに，ϕ_m を生じる角周波数 ω_m を補償要素付加後の ω_c と一致させる．ω_m のゲインは本文の**図 8.14** より $(20 \log \alpha)/2$ であることがわかるから，$10 \log \alpha = 10 \log (1/3) = -4.8\,[\mathrm{dB}]$ となる．$20 \times \log |G(j\omega)| = -4.8$ となる各周波数が ω_c，すなわち，ω_m を与える．これより，本文の式 (8.11) から，$\omega_m = 8\,[\mathrm{rad/s}]$ として $T_D = 1/(\sqrt{\alpha}\,\omega_n) = 0.216$，$\alpha T_D = 0.072$ が計算できる．

したがって，求める位相進み要素の伝達関数は

$$G_c(s) = \frac{1}{3} \frac{1 + 0.072\,s}{1 + 0.216\,s}$$

となる．**解答図 8.5** にはこの補償後の特性も付した．

【5】 開ループ伝達関数のボード線図は**解答図 8.6** のようになり，この図より位相余裕が $40°$ 以上になるためには $3\,\mathrm{dB}$ が利得の限界である．すなわち $k = 1.4$．したがって，定常速度偏差定数 $K_v = \lim_{s \to 0} s\,G(s) = k/2 = 0.7$ である．

演習問題解答　*207*

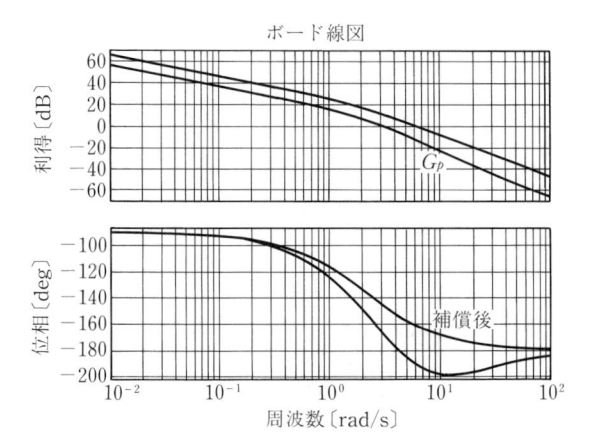

解答図 8.5

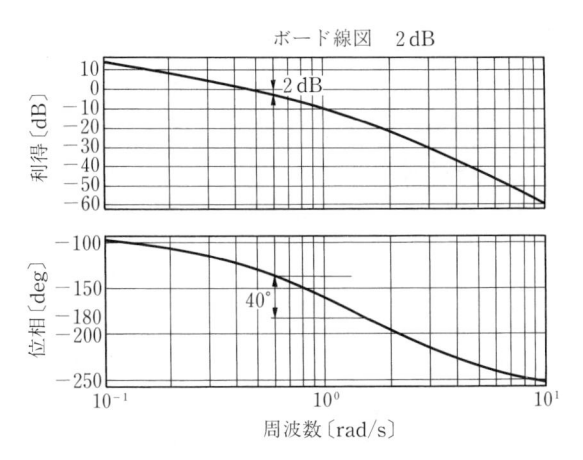

解答図 8.6

索　引

【あ】
安　定　　108
安定性　　35

【い】
行き過ぎ量　　61,130
位　相　　81
位相遅れ進み補償　　168
位相遅れ補償　　159
位相交点　　118
位相交点周波数　　118
位相進み補償　　164
位相余裕　　119
Ⅰ　形　　134
1次遅れ要素　　54,87
1次進み要素　　55,89
一巡（開ループ）伝達関数　9
因果性　　21
因果律　　21
インディシャル応答　　50
インパルス応答　　37,49

【お】
オイラーの式　　29,81
遅れ時間　　131
オームの法則　　21
折線近似　　88

【か】
外　乱　　9,21
重ね合せの理　　21
過制動　　60
過渡応答　　49
完全平方式　　42

【き】
機械系　　22
基準入力　　9
基本伝達関数　　38
基本伝達要素　　38
極　　31
極座標形式　　81

【く】
加え合せ点　　38

【け】
系マトリックス　　25
ゲイン　　81
ゲイン交差周波数　　119
ゲイン交点　　119
ゲイン調整法　　155
ゲイン余裕　　119
検出部　　8
減衰係数　　56
減衰振動　　60
減衰振動特性　　59
減衰性　　128,130
減衰性評価　　130
減衰率　　56,61
現代制御理論　　25

【こ】
古典制御理論　　22,36
固有角周波数　　56

【さ】
最終値　　34
最終値定理　　35

作業命令　　5
雑　音　　21
サーボ機構　　7
残留偏差　　128

【し】
持続振動　　60
持続振動特性　　59
時定数　　55,61
時不変性　　21
シミュレーション　　24
遮断周波数　　88
周波数応答　　82
周波数伝達関数　　79,81
周波数特性　　82
条件制御　　5
状態空間モデル　　24
状態ベクトル　　25
状態変数　　25
状態変数表示　　19
初期値定理　　34

【す】
数式モデル　　21
ステップ応答　　49,50,63

【せ】
正規化周波数　　90
正帰還　　39
制御系の形　　134
制御対象　　8
制御部　　9
制御マトリックス　　25
制御命令　　5
制御量　　8

索　引

整定時間	131
積分定理	28
積分要素	52, 86
折点周波数	88
0 形	134
線　形	21
線形性	21
線形定理	28

【そ】

操作部	8
操作量	9
相乗積分	50
速応性	128, 131
ソルバ	19

【た】

帯域幅	137, 138
代表根	129
畳込み積分	50
立上がり時間	131
単位インパルス関数	29
単位ステップ関数	26

【ち】

調節部	8
直流ゲイン	52
直列補償法	158
直交座標形式	81

【つ】

追従制御	7
ツールボックス	14

【て】

定係数線形微分方程式	22
定常位置偏差	132
定常位置偏差定数	133
定常応答	49
定常速度偏差	133
定常速度偏差定数	134
定値制御	7
デシベルゲイン	82, 84

デシベル表示	82
電気系	23
伝達関数	36

【と】

等 M 軌跡	141
等 N 軌跡	143
等 ϕ 軌跡	143
特性根	31, 57, 111
特性方程式	22, 31, 42, 57, 111

【な】

ナイキスト線図	83
ナイキストの安定判別法	118

【に】

2 次遅れ時定数	131
2 次遅れ要素	56, 90
2 次系の時定数	61
2 次要素	56

【ね】

ネガティブフィードバック	39

【ひ】

引出し点	38
非振動特性	58
微分演算子	28
微分定理	28
微分要素	52, 84
比例要素	51, 84

【ふ】

不安定	108
フィードバック制御	5
フィードバック補償法	171
負帰還	39
複素ベクトル表示	80
不足振動	60
部分分数	31

フーリエ級数展開	26
フーリエ変換	26
フルビッツ行列	116
フルビッツ小行列式	117
フルビッツの安定判別法	117
フルビッツの方法	116
プログラム制御	5, 7
プロセス制御	7
ブロック線図	38
ブロック線図の簡略化	39
プロパー	31, 37

【へ】

ベクトル記号法	27
変換部	8
偏　差	9

【ほ】

ポジティブフィードバック	39
ボード線図	82

【み】

未定係数法	32

【む】

むだ時間	30, 62
むだ時間要素	30, 62, 93

【め】

命令処理	5

【も】

目標値	8

【ら】

ラウス数列	116
ラウスの安定判別法	116
ラウスの方法	115
ラウス配列表	116
ラプラス演算子	27
ラプラス逆変換	27

ラプラス変換 27
ラプラス変換対 27
ランプ信号 133

【M】

MATLAB（マトラブ） 14
MATLAB Command Window 15

M-ファイル 14
M-File Editor 15

【N】

n 形 134

【り】

留 数 31

臨界制動 60

【S】

s 領域 27
Simulink 68

―― 著者略歴 ――

下西　二郎（しもにし　じろう）
1969 年　津山工業高等専門学校電気工学科
　　　　　卒業
1969 年
〜70 年　東京芝浦電気(株)現東芝勤務
1970 年　津山工業高等専門学校助手
1986 年　津山工業高等専門学校助教授
1987 年　文部省在外研究員（カナダ国，
　　　　　マックマスター大学）
1989 年　工学博士（神戸大学）
1996 年　津山工業高等専門学校教授
2011 年　津山工業高等専門学校名誉教授

奥平　鎮正（おくだいら　しずまさ）
1978 年　宇都宮大学工学部電気工学科卒業
1980 年　宇都宮大学大学院修士課程修了
　　　　　（電気工学専攻）
1980 年
〜86 年　(株)日立製作所勤務
1986 年　東京都立航空工業高等専門学校助手
1991 年　東京都立航空工業高等専門学校
　　　　　助教授
2001 年　博士（工学）（明治大学）
2002 年　東京都立航空工業高等専門学校教授
2006 年　東京都立産業技術高等専門学校教授
2021 年　東京都立産業技術高等専門学校
　　　　　名誉教授

制　御　工　学
Control Engineering

© Jiro Shimonishi, Shizumasa Okudaira 2001

2001 年 5 月 18 日　初版第 1 刷発行
2023 年 9 月 30 日　初版第 12 刷発行

|検印省略|

著　者　　下　西　二　郎
　　　　　奥　平　鎮　正
発 行 者　株式会社　コ ロ ナ 社
　　　　　代 表 者　牛来真也
印 刷 所　壮光舎印刷株式会社
製 本 所　株式会社　グ リ ー ン

112-0011　東京都文京区千石4-46-10
発 行 所　株式会社　コ ロ ナ 社
CORONA PUBLISHING CO., LTD.
Tokyo Japan
振替00140-8-14844・電話(03)3941-3131(代)
ホームページ　https://www.coronasha.co.jp

ISBN 978-4-339-01186-9　C3355　Printed in Japan　　　　　　（宮尾）

＜出版者著作権管理機構　委託出版物＞
本書の無断複製は著作権法上での例外を除き禁じられています。複製される場合は，そのつど事前に，
出版者著作権管理機構（電話 03-5244-5088，FAX 03-5244-5089，e-mail: info@jcopy.or.jp）の許諾を
得てください。

本書のコピー，スキャン，デジタル化等の無断複製・転載は著作権法上での例外を除き禁じられています。
購入者以外の第三者による本書の電子データ化及び電子書籍化は，いかなる場合も認めていません。
落丁・乱丁はお取替えいたします。

電子情報通信レクチャーシリーズ

(各巻B5判，欠番は品切または未発行です)

■電子情報通信学会編

共通

配本順				頁	本体
A-1	(第30回)	電子情報通信と産業	西村吉雄著	272	4700円
A-2	(第14回)	電子情報通信技術史 ―おもに日本を中心としたマイルストーン―	「技術と歴史」研究会編	276	4700円
A-3	(第26回)	情報社会・セキュリティ・倫理	辻井重男著	172	3000円
A-5	(第6回)	情報リテラシーとプレゼンテーション	青木由直著	216	3400円
A-6	(第29回)	コンピュータの基礎	村岡洋一著	160	2800円
A-7	(第19回)	情報通信ネットワーク	水澤純一著	192	3000円
A-9	(第38回)	電子物性とデバイス	益一哉 天川修 川一平 共著	244	4200円

基礎

B-5	(第33回)	論理回路	安浦寛人著	140	2400円
B-6	(第9回)	オートマトン・言語と計算理論	岩間一雄著	186	3000円
B-7	(第40回)	コンピュータプログラミング ―Pythonでアルゴリズムを実装しながら問題解決を行う―	富樫敦著	208	3300円
B-8	(第35回)	データ構造とアルゴリズム	岩沼宏治他著	208	3300円
B-9	(第36回)	ネットワーク工学	田中村野敬裕介 仙石正和 共著	156	2700円
B-10	(第1回)	電磁気学	後藤尚久著	186	2900円
B-11	(第20回)	基礎電子物性工学 ―量子力学の基本と応用―	阿部正紀著	154	2700円
B-12	(第4回)	波動解析基礎	小柴正則著	162	2600円
B-13	(第2回)	電磁気計測	岩﨑俊著	182	2900円

基盤

C-1	(第13回)	情報・符号・暗号の理論	今井秀樹著	220	3500円
C-3	(第25回)	電子回路	関根慶太郎著	190	3300円
C-4	(第21回)	数理計画法	山下信雄 福島雅夫 共著	192	3000円

配本順			頁	本体
C-6 (第17回)	インターネット工学	後藤滋樹 外山勝保 共著	162	2800円
C-7 (第3回)	画像・メディア工学	吹抜敬彦 著	182	2900円
C-8 (第32回)	音声・言語処理	広瀬啓吉 著	140	2400円
C-9 (第11回)	コンピュータアーキテクチャ	坂井修一 著	158	2700円
C-13 (第31回)	集積回路設計	浅田邦博 著	208	3600円
C-14 (第27回)	電子デバイス	和保孝夫 著	198	3200円
C-15 (第8回)	光・電磁波工学	鹿子嶋憲一 著	200	3300円
C-16 (第28回)	電子物性工学	奥村次徳 著	160	2800円

展 開

D-3 (第22回)	非線形理論	香田徹 著	208	3600円
D-5 (第23回)	モバイルコミュニケーション	中川正雄 大槻知明 共著	176	3000円
D-8 (第12回)	現代暗号の基礎数理	黒澤馨 尾形わかは 共著	198	3100円
D-11 (第18回)	結像光学の基礎	本田捷夫 著	174	3000円
D-14 (第5回)	並列分散処理	谷口秀夫 著	148	2300円
D-15 (第37回)	電波システム工学	唐沢好男 藤井威生 共著	228	3900円
D-16 (第39回)	電磁環境工学	徳田正満 著	206	3600円
D-17 (第16回)	VLSI工学 ―基礎・設計編―	岩田穆 著	182	3100円
D-18 (第10回)	超高速エレクトロニクス	中村徹 三島友義 共著	158	2600円
D-23 (第24回)	バイオ情報学 ―パーソナルゲノム解析から生体シミュレーションまで―	小長谷明彦 著	172	3000円
D-24 (第7回)	脳工学	武田常広 著	240	3800円
D-25 (第34回)	福祉工学の基礎	伊福部達 著	236	4100円
D-27 (第15回)	VLSI工学 ―製造プロセス編―	角南英夫 著	204	3300円

定価は本体価格+税です。
定価は変更されることがありますのでご了承下さい。

図書目録進呈◆

電気・電子系教科書シリーズ

(各巻A5判)

- ■編集委員長　高橋　寛
- ■幹　　事　湯田幸八
- ■編集委員　江間　敏・竹下鉄夫・多田泰芳
  　　　　　　中澤達夫・西山明彦

配本順		書名	著者	頁	本体
1.	(16回)	電気基礎	柴田尚志・皆藤新一・田中芳泰 共著	252	3000円
2.	(14回)	電磁気学	多田泰芳・柴田尚志 共著	304	3600円
3.	(21回)	電気回路Ⅰ	柴田尚志 著	248	3000円
4.	(3回)	電気回路Ⅱ	遠藤　勲・鈴木靖純・吉澤昌純・福田雄一・吉田巳之助 共著	208	2600円
5.	(29回)	電気・電子計測工学（改訂版） ―新SI対応―	降矢典恵・吉田拓和・福崎文郎・高山正二郎 共編	222	2800円
6.	(8回)	制御工学	下西二鎮・奥平鎮正・青木立・西堀俊幸 共著	216	2600円
7.	(18回)	ディジタル制御	青木立・西堀俊幸 共著	202	2500円
8.	(25回)	ロボット工学	白水俊次 著	240	3000円
9.	(1回)	電子工学基礎	中澤達夫・藤原勝幸 共著	174	2200円
10.	(6回)	半導体工学	渡辺英夫 著	160	2000円
11.	(15回)	電気・電子材料	中澤・押田・山本・服部 共著	208	2500円
12.	(13回)	電子回路	森須健二 共著	238	2800円
13.	(2回)	ディジタル回路	伊原充博・若海弘夫・吉室二郎 共著	240	2800円
14.	(11回)	情報リテラシー入門	室　賀・山下　巌 共著	176	2200円
15.	(19回)	C++プログラミング入門	湯田幸八 著	256	2800円
16.	(22回)	マイクロコンピュータ制御 プログラミング入門	柚賀正光・千代谷慶 共著	244	3000円
17.	(17回)	計算機システム（改訂版）	春日健・舘泉雄治 共著	240	2800円
18.	(10回)	アルゴリズムとデータ構造	湯田幸八・伊原充博 共著	252	3000円
19.	(7回)	電気機器工学	前田勉・新谷邦弘 共著	222	2700円
20.	(31回)	パワーエレクトロニクス（改訂版）	江間　敏・高橋勲 共著	232	2600円
21.	(28回)	電力工学（改訂版）	江間　敏・甲斐隆章 共著	296	3000円
22.	(30回)	情報理論	三木成彦・吉川英機 共著	214	2600円
23.	(26回)	通信工学	竹下鉄夫・吉川英夫 共著	198	2500円
24.	(24回)	電波工学	松田豊稔・宮田克正・南部幸久 共著	238	2800円
25.	(23回)	情報通信システム（改訂版）	岡田裕・桑原史夫・植月唯夫 共著	206	2500円
26.	(20回)	高電圧工学	植松孝彦 共著	216	2800円

定価は本体価格＋税です。
定価は変更されることがありますのでご了承下さい。

図書目録進呈◆